Farhat El Arbi

Conception d'un journal lumineux à base d'une diode laser

AF062686

Farhat El Arbi

Conception d'un journal lumineux à base d'une diode laser

Quand on pratique la lumière laser

Éditions universitaires européennes

Impressum / Mentions légales
Bibliografische Information der Deutschen Nationalbibliothek: Die Deutsche Nationalbibliothek verzeichnet diese Publikation in der Deutschen Nationalbibliografie; detaillierte bibliografische Daten sind im Internet über http://dnb.d-nb.de abrufbar.

Alle in diesem Buch genannten Marken und Produktnamen unterliegen warenzeichen-, marken- oder patentrechtlichem Schutz bzw. sind Warenzeichen oder eingetragene Warenzeichen der jeweiligen Inhaber. Die Wiedergabe von Marken, Produktnamen, Gebrauchsnamen, Handelsnamen, Warenbezeichnungen u.s.w. in diesem Werk berechtigt auch ohne besondere Kennzeichnung nicht zu der Annahme, dass solche Namen im Sinne der Warenzeichen- und Markenschutzgesetzgebung als frei zu betrachten wären und daher von jedermann benutzt werden dürften.

Information bibliographique publiée par la Deutsche Nationalbibliothek: La Deutsche Nationalbibliothek inscrit cette publication à la Deutsche Nationalbibliografie; des données bibliographiques détaillées sont disponibles sur internet à l'adresse http://dnb.d-nb.de.

Toutes marques et noms de produits mentionnés dans ce livre demeurent sous la protection des marques, des marques déposées et des brevets, et sont des marques ou des marques déposées de leurs détenteurs respectifs. L'utilisation des marques, noms de produits, noms communs, noms commerciaux, descriptions de produits, etc, même sans qu'ils soient mentionnés de façon particulière dans ce livre ne signifie en aucune façon que ces noms peuvent être utilisés sans restriction à l'égard de la législation pour la protection des marques et des marques déposées et pourraient donc être utilisés par quiconque.

Coverbild / Photo de couverture: www.ingimage.com

Verlag / Editeur:
Éditions universitaires européennes
ist ein Imprint der / est une marque déposée de
OmniScriptum GmbH & Co. KG
Heinrich-Böcking-Str. 6-8, 66121 Saarbrücken, Deutschland / Allemagne
Email: info@editions-ue.com

Herstellung: siehe letzte Seite /
Impression: voir la dernière page
ISBN: 978-3-8417-4855-3

Copyright / Droit d'auteur © 2015 OmniScriptum GmbH & Co. KG
Alle Rechte vorbehalten. / Tous droits réservés. Saarbrücken 2015

Sommaire

Introduction Générale   1

Chapitre I : GENERALITES SUR LA LUMIERE ET LES SYSTEME D'AFFICHAGE   2

    I.1. Introduction..3

    I.2. La lumière et sa propagation..3

        I.2.1 Les ondes électromagnétique..3

        I.2.2. La théorie corpusculaire..7

    I.3. le LASER(Light Amplification by Stimulated Emission of Radiations).................8

        I.3.1. Historique..8

        I.3.2. Caractéristiques de la lumière laser..8

        I.3.3. Principe de fonctionnement..10

        I.3.4. Constitution du laser 11

    I.4. Les systèmes d'affichage..12

        I.4.1. Les écrans à tube cathodique..12

        I.4.2. La technologie LCD et principe des cristeaux 16

        I.4.3. La technologie plasma(PDP ,Plasma Display Panel)....................17

        I.4.4. Les différences entre écrans plasma et LCD..................................18

        I.4.5. Le journal lumineux..19

    I.5. Conclusion..21

Chapitre II : Généralités sur les systèmes optiques et conception mécaniques   22

    II.1. Introduction 23

    II.2. Généralité sur les systèmes optique 23

II.2.1. Classification des systèmes optiques..................23

II.2.2. Les lois des projections..................23

II.2.3. Calcule de l'angle de projection pour les systèmes catoptriques 25

II.2.4. Calcule de le la longueur d'écran..................26

II.3. Conception mécanique et réalisation pratique..................27

II.3.1. 1er essai..................27

II.3.2. 2éme essai..................29

II.3.3. 3éme essai..................31

II.4. Conclusion..................35

Chapitre III : Conception électrique 36

III.1. Introduction 37

III.2. Traitement numérique..................37

III.2.1. PIC 16F877A..................37

III.2.2. Mode PWM..................40

III.3. Traitement analogique..................41

III.3.1. Commande du laser..................41

III.3.2. Le moteur BUSHLESS..................43

III.3.3. Connexion série..................46

III.3.4. Système en boucle fermée..................48

III.3.5. Circuits imprimés..................50

III.4. Conclusion..................51

Chapitre IV : Partie informatique   52

    IV.1 Introduction 53

    IV.2. La liaison série 54

        IV.2.1. Définition...54

        IV.2.2. Transformation parallèle-série/Transformation parallèle-série 54

        IV.2.3. Principe de transmission série asynchrone..55

        IV.2.2. Liaison RS (Recommended Standard) 232...56

    IV.3. Affichage des caractères..62

        IV.3.1. affichage de chaque caractère sur 8 bit...62

        IV.3.2. programme principal...63

    IV.4. Conclusion..66

Annexe   67

Conclusion Générale   72

Liste des figures

Figure	Titre	Page
Figure I.1.	Fréquences et longueurs d'onde dans le vide des ondes électromagnétique	4
Figure I.2.	Vecteur POYNTING	7
Figure I.3.	Comparaison de la lumière ordinaire et de LASER	9

Figure I.4.	Désexcitation spontanée d'un atome	10
Figure I.5.	Désexcitation d'un atome par émission spontanée	11
Figure I.6.	Principe de fonctionnement d'un LASER	12
Figure I.7.	Structure du tube cathodique et son principe de fonctionnement	13
Figure I.8.	Balayage horizontal	14
Figure I.9.	Balayage vertical	15
Figure I.10.	Balayage de tout l'écran	15
Figure I.11.	Structure de l'écran LCD	16
Figure I.12.	Décomposition de l'écran LCD en pixels	17
Figure I.13.	Structure de l'écran plasma	18
Figure I.14.	Formation de la lettre A	20
Figure I.15.	Défilement des caractères	20
Figure I.16.	Présentation de la lettre E	20
Figure II.1.	Loi de réflexion	24
Figure II.2.	Loi de réfraction	24
Figure II.3.	Exemples de variation de l'angle de projection selon le nombre des miroirs	26
Figure II.4.	Disposition du projecteur par rapport à l'écran	26
Figure II.5.	Principe de balayage pour le 1er montage	28
Figure II.6.	Le 1er montage	28
Figure II.7.	2 ème montage	30
Figure II.8.	Principe de bielle-manivelle	31
Figure II.9.	Flasque	32
Figure II.10.	Flasque base	32
Figure II.11.	Support de miroirs	32
Figure II.12.	Assemblage	33
Figure II.13.	Conception du support des miroirs	34
Figure III.1.	Signal PWM généré par le PIC 16F877A	41
Figure III.2.	Circuit de commande de laser	42

Figure III.3.	Constitution du moteur BRUSHLESS	43
Figure III.4.	Contrôleur BRUSHLESS	44
Figure III.5.	Le circuit principal	45
Figure III.6.	Les connecteurs de port série :DB9 male et femelle	46
Figure III.7.	Max 232	47
Figure III.8.	Circuit de branchement max 232	48
Figure III.9.	Démontage de la souris	49
Figure III.10.	Démontage de la souris	49
Figure III.11.	Emetteur de la lumière infrarouge	49
Figure III.12.	Récepteur sensible au corps noir	49
Figure III.13.	Figure du signal électrique	50
Figure III.14.	Typon du circuit principal	51
Figure III.15.	Typon du circuit max 232	51
Figure IV.1.	Programmation de PWM	53
Figure IV.2.	Transformation parallèle-série	54
Figure IV.3.	Transformation série-parallèle	55
Figure IV.4.	Liaison RS232	57
Figure IV.5.	Programme d'initialisation	58
Figure IV.6.	Interface (WINPIC)	59
Figure IV.7.	Interface hyper terminal	59
Figure IV.8.	Interface MATLAB	61
Figure IV.9.	Code formation lettre A et l'espace	63
Figure IV.10.	Organigramme principal	64
Figure IV.11.	Programme du test sur le pin C0	65

Liste des tableaux

Tableau	Titre	Page
Tableau I.1	Longueurs d'onde dans le vide et couleurs des ondes lumineux	4
Tableau I.2	Indice de réfraction du verre ordinaire selon la couleur de la lumière	5
Tableau I.3	Comparaison entre l'écran LCD et l'écran PLASMA	18
Tableau II.2	La variation de l'angle de projection et la fréquence et la vitesse de rotation en fonction du nombre de miroirs	25
Tableau III.1	Adaptation niveaux des tensions	47

Introduction Générale

Depuis les temps les plus anciens, l'homme a éprouvé le besoin de transmettre une quantité d'informations de plus en plus grandes dans un temps de plus en plus court à des distances beaucoup plus grandes que celles que pouvait atteindre son œil.

A l'aide de la propagation d'énergie électromagnétique sous forme de lumière, on a pu atteindre des distances plus grandes.

Grâce à sa vitesse, cette lumière va être exploitée dans plusieurs domaines afin d'aboutir aux systèmes de transmission et de communication qui répondent au besoin quotidien tels que les projecteurs.

C'est l'alliance entre l'optique et l'électrique qui a donné naissance aux afficheurs et projecteurs qui sont d'une façon générale des traducteurs électro-optique qui transforment une énergie électrique en une autre lumineuse ou plus généralement en une information visible.

La réside notre projet de fin d'étude intitulé « conception d'un journal lumineux par projection laser ».

L'idée de base consiste à construire un projecteur à base de diode laser qui est capable de projeter des caractères sur les murs ou sur un écran quelconque. Cette technologie peut être utile pour projeter un texte à partir d'appareils portables.

Après la réalisation de notre projet, nous avons présenté notre travail en quatre chapitres. Dans le premier chapitre, nous avons donné en premier lieu, un bref historique sur la lumière et sa dualité ondulatoire-corpusculaire, en second lieu, les caractéristiques de la lumière laser et en dernier lieu, une généralité sur les différents systèmes d'affichage.

Dans le second chapitre, nous sommes en mesure de mieux approfondir l'étude des systèmes optiques qui sont à la base de la conception mécanique de notre journal.

Le troisième chapitre renferme la partie électrique.

Alors que le dernier chapitre repose sur l'établissement de communication et tout ce qui concerne la partie « Software ».

Chapitre 1 :

Generalites sur la lumiere et les systemes d'affichage

I.1 Introduction :

Au cours du débat scientifique et philosophique depuis l'antiquité, la lumière a reçu plusieurs définitions liées à l'évolution du concept au cours du temps.

Dans ce chapitre nous présenterons l'historique de la lumière dans un souci non seulement d'aboutir à lumière laser mais aussi d'approfondir l'étude sur les systèmes d'affichage.

I.2 La lumière et sa propagation

Fait exceptionnel, malgré les progrès accomplis, la lumière reste l'objet de deux descriptions auxquelles elle satisfait selon les cas : [1]

I.2.1 Les ondes électromagnétiques

La théorie ondulatoire de la lumière, proposée par FRESNEL [1] pour interpréter les phénomènes d'interférences et de diffraction, fut consolidée par MAXWELL(1872) qui précisa la structure des ondes : elles sont constituées par un champ électrique $\vec{E}$ et un champ d'induction magnétique B, fonctions sinusoïdales du temps, de période T, évoluant dans deux plans perpendiculaires quelle que soit leur fréquence v ou leur longueur d'onde λ.

$$v = 1/T \text{ (Hz ou s}^{-1}\text{)} \quad (I.1)$$

$$\lambda = C*T \text{ (mètre ou sous multiples)} \quad (I.2)$$

a) **Fréquence et couleur** :

Une lumière monochromatique est constituée d'une onde lumineuse progressive sinusoïdale de fréquence déterminée (sa couleur est liée à la valeur de la fréquence).

Une lumière poly chromatique est composée de plusieurs lumières monochromatiques de fréquences différentes (Exemple : la lumière blanche).

L'œil humain n'est sensible qu'à certaines fréquences : celles des radiations lumineuses visibles dont les longueurs d'onde, dans le vide, s'étendent de 400 nm à 800 nm comme l'indique le tableau I.1 et la figure I.1.

Tableau I.1 Longueurs d'onde dans le vide et couleurs des ondes lumineux [1]

Couleurs	Longueurs d'onde (nm = 10^{-9} m)
Violet extrême	400
Violet moyen	420
Violet - bleu	440
Bleu moyen	470
Bleu - vert	500
Vert moyen	530
Vert - jaune	560
Jaune moyen	580
Jaune - orangé	590
Orangé moyen	600
Orangé - rouge	610
Rouge moyen	650
Rouge extrême	780

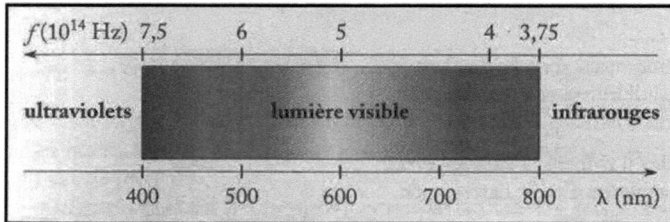

Figure I.1 Fréquences et longueurs d'onde dans le vide des ondes électromagnétiques [3]

b) Vitesse de propagation

Dans un milieu transparent, *la vitesse de propagation V* est toujours inférieure à la vitesse C dans le vide. Notons que la fréquence v de l'onde est un invariant de la propagation : ainsi, lorsque l'onde lumineuse passe d'un milieu à l'autre, sa fréquence reste la même mais sa vitesse de propagation dépendant du milieu de propagation, et par conséquent sa longueur d'onde λ varie.

c) **indice optique**

Comme on a vu, un milieu de propagation est caractérisé par la vitesse de propagation V des ondes électromagnétiques. Mais il est plus usuel de caractériser un milieu par son indice optique, aussi appelé indice de réfraction n tel que

$$V = C/n \quad (I.3)$$

On peut prendre l'exemple du verre ordinaire configuré dans le tableau I.2 et la variation de son indice n selon la couleur de la lumière.

Tableau I.2 Indice de réfraction du verre ordinaire selon la couleur de la lumière [4]

Couleur	Indice n	Vitesse de propagation (en km/s)
Ultraviolet proche	1,539	194 797
Bleu sombre	1,528	196 198
Bleu-vert	1,523	196 840
Jaune	1,517	197 621
Rouge moyen	1,514	198 013
Rouge sombre	1,511	198 406

d) Vecteur de POYNTING S (1884) [5] [1]

Ces ondes se propagent dans le vide avec la même vitesse C, liée aux grandeurs caractéristiques de réponse du vide à l'action des champs : la permittivité diélectrique ε_0 et la perméabilité μ_0 tel que

$$\varepsilon_0 * \mu_0 * C = 1 \quad (I.4)$$

Dans tous les autres milieux (ε, μ), on observe un affaiblissement des champs E et B à mesure que l'on s'éloigne de la source de rayonnement.

La théorie propose de relier l'énergie transportée par l'onde au vecteur de POYNTINGS :

$$|S| = |E \wedge B| = (1/2) * \sqrt{\varepsilon / \mu_0} * (|E|^2) \quad (I.5)$$

Ou S: L'intensité du champ électromagnétique dans le vide (vecteur de Poynting) (W/m2)

E : Champ électrique évalué à l'endroit du vecteur de POYNTING (N/C)

B : Champ magnétique évalué à l'endroit du vecteur de POYNTING (T)

μ_0 : Constante magnétique du vide (*Perméabilité du vide*)

$$\mu_0 = 4\pi \cdot 10^{-7} \, NS^2 / C^2 \quad (I.5)$$

Expression à partir de la quelle il est possible d'établir une relation simple entre l'intensité moyenne I (w/cm^2) du rayonnement et l'amplitude E

$$E = 2745\sqrt{I} \quad (I.6)$$

Sur la figure I.3 est représenté le vecteur de POYNTING S issu d'un produit vectoriel entre le champ électrique E et le champ magnétique B associés à une onde électromagnétique.

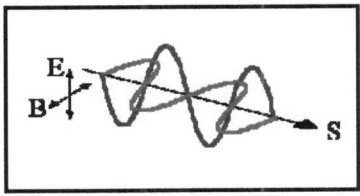

Figure I.2 Vecteur POYNTING [1]

Mais cette théorie ne permet pas d'interpréter les échanges d'énergie entre matière et rayonnement tels qu'il s'en produit par exemple dans l'effet photoélectrique.

Cette difficulté est à l'origine de la seconde théorie.

I.2.2   La théorie corpusculaire [1]

Nous devons imaginer que l'énergie transportée n'est pas répartie sur toute l'onde, mais concentrée sous forme de gain.

En 1919, EINSTEIN reprit cette idée très ancienne et attribua à chacune de ces particules « photons », une énergie E proportionnelle à la fréquence de rayonnement

$$E = h * v \quad (I.7)$$

H : étant la constante universelle de PLANCK ($h=6.6*10^{-34}$ J.S)

E : s'exprime en joules (J) mais aussi en électron Volt (ev) (énergie qu'acquiert un électron accéléré, par une différence de potentiel de un volt) ou en cm^{-1}, proporionnellement au nombre d'onde K défini par $K=2\pi/\lambda$

La dualité onde-corpuscule fut encore mieux établie par DEBROGLIE(1924) qui montra d'abord l'existence d'onde associées aux électrons, idée qui fut ensuite étendue aux autres particules élémentaires ce qui conduisait HEISENBERG à élaborer la mécanique quantique.

I.3 Le LASER « Light Amplification by Stimulated Emission of Radiations » [6] [7]

(En français : Amplification de lumière par émission stimulée de radiations).

I.3.1 Historique :

En 1917, EINSTEIN réalise qu'il existe trois types d'interaction entre la lumière et la matière. Les deux premiers types déjà connus sont l'absorption de la lumière par la matière et l'émission spontanée de la lumière par la matière excitée. EINSTEIN découvre que le processus d'absorption peut être inversé pour devenir un second type d'émission : l'émission stimulée. C'est ce processus qui est à la base du fonctionnement du laser. En 1950, ALFRED KASTLER (Prix Nobel de physique en 1966) propose un procédé de pompage optique.

I.3.2 Caractéristiques de la lumière laser :

*unidirectionnel

Le faisceau se dirige dans une direction unique, mais il peut y avoir une divergence si le faisceau se propage dans un milieu. On approximer sa divergence dans l'air par

$$\Theta = \lambda / \omega 0 \quad (I.8)$$

Ou Θ est la divergence mesurée en radian

λ : La longueur d'onde

$\omega 0$: La largeur minimale de faisceau

*intense

La lumière est concentrée sur une petite surface, cette intensité est aussi conséquence de sa directivité

*monochromatique

Le spectre de la lumière émise par un laser ne comporte qu'une seule raie, c'est-à-dire une seule couleur, caractéristique du type de laser utilisé

*cohérent

Toutes les ondes émises par un laser vibrent de la même manière est en même temps c'est-à-dire en phase ce qui permet d'éviter le phénomène d'interférence.

Vu ces caractéristiques, la réside l'originalité du LASER par rapport à la lumière ordinaire comme l'indique la figure I.3

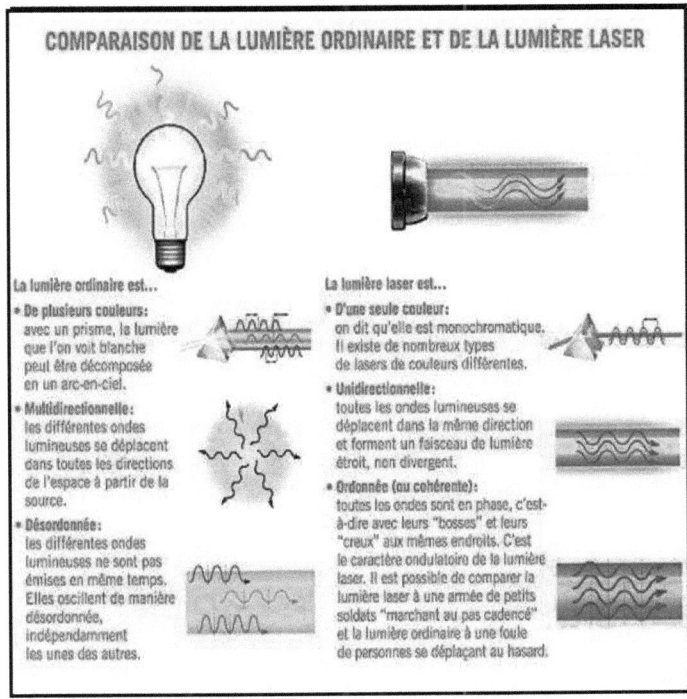

Figure I.3 Comparaison de la lumière ordinaire et de la lumière LASER [8]

I.3.3   Principe de fonctionnement

Une particule (atome, ion ou molécule) excitée émet un photon grâce à la stimulation que provoque l'arrivée d'un photon de même énergie que celui qu'il pourrait potentiellement émettre. La particularité de ce type d'émission est que le photon stimulé prend strictement les mêmes caractéristiques (couleur, direction de la trajectoire et phase) que le photon incident, comme si le second était la photocopie du premier. Donc il s'agit d'une duplication ou amplification de la lumière.

La seule découverte de l'émission stimulée n'a cependant pas été suffisante pour créer des lasers. En effet, dans la matière, les particules sont beaucoup plus nombreuses dans l'état fondamental que dans l'état excité. Il n'est donc pas possible de provoquer assez d'émission stimulée pour produire de la lumière laser d'où la découverte du pompage optique, un procédé qui consiste à apporter l'énergie sous forme lumineuse et cela en ayant plus d'atomes à l'état excité (niveau E2) qu'au niveau fondamental (niveau E1), ce passage des niveaux est appelé inversion de population.

Ce principe est mieux expliqué par les schémas suivants du figure I.5 et I.6:

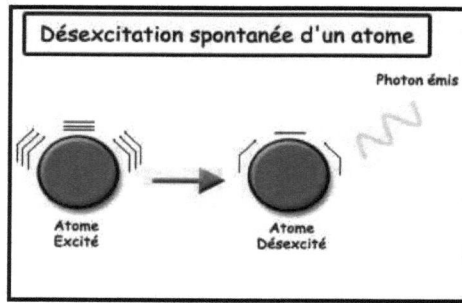

Figure I.4 Désexcitation spontanée d'un atome [9]

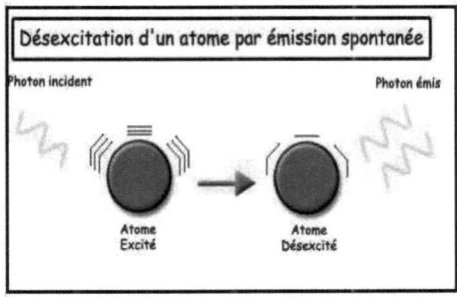

Figure I.5 Désexcitation d'un atome par émission spontanée [9]

I.3.4   Constitution de laser

Un laser est constitué de deux éléments:

*Un amplificateur de lumière utilisant l'*émission stimulée.*

Le milieu amplificateur, qui peut être gazeux, liquide ou solide (cristal), est inséré dans une cavité résonante généralement limitée par deux miroirs.

L'énergie nécessaire à l'amplification étant apportée :

- Par une décharge électrique (cas des lasers à gaz)
- Par un flash lumineux très intense (cas des lasers à solide)
- Par une réaction chimique (lasers chimiques).
- Par un courant électrique (lasers à semi-conducteurs)

*Un résonateur optique.

Une cavité optique, ou résonateur optique est un dispositif dans lequel les rayons lumineux sont susceptibles de rester confinés grâce à des miroirs sur lesquels ils se réfléchissent. Pour mieux comprendre la constitution du laser et son principe de fonctionnement, on peut traiter la figure I.7.

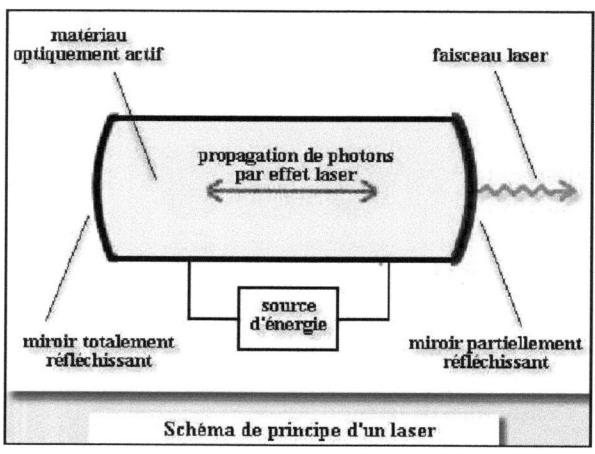

Figure I.6 Principe de fonctionnement d'un LASER [10]

Par conséquent un laser doit être compris essentiellement comme un générateur de lumière, tirant l'originalité de ses caractéristiques qui seront exploitées dans la conception de notre afficheur.

I.4 Les systèmes d'affichage

I.4.1 Les écrans à tube cathodique

Les moniteurs (écrans d'ordinateur) sont la plupart du temps des tubes cathodiques (notés CRT, soit *cathode ray tube* ou en français *tube à rayonnement cathodique*),

Il est inventé par KARL FERDINAND BRAUN [11]

a) Fonctionnement :

C'est un tube sous vide en verre constitué d'un filament chauffé, et d'un canon à électrons émettant un flux d'électrons dirigés par un champ électrique vers un écran couvert des éléments phosphorescents appelés luminophores, ces éléments émettent de la lumière lorsque les électrons viennent les heurter, ce qui constitue un point le pixel.

En effet, le canon à électrons est constitué d'une ou plusieurs anodes (électrodes chargées positivement) et d'une cathode (une électrode chargée négativement).Ainsi la cathode émet des électrons attirés par l'anode. L'anode agit comme un accélérateur et un concentrateur pour les électrons ce qui va ensuite constituer un flux d'électrons dirigé vers l'écran.

Un champ magnétique est chargé d'accélérer les électrons et de les dévier bas en haut et de gauche à droite. Il est créé grâce à deux bobines X et Y sous tension (appelées *déflecteurs*) qui ont pour rôle de dévier le flux horizontalement et verticalement.

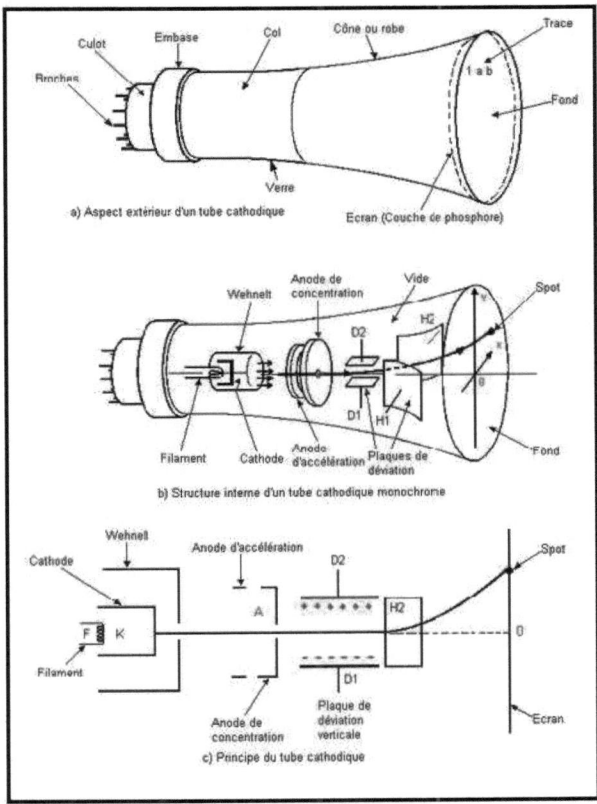

Figure I.7Structure du tube cathodique et son principe de fonctionnement [12]

Un écran noir et blanc permet d'afficher des dégradés de couleur (niveaux de gris) en variant l'intensité du rayon, alors que pour un écran couleur, trois faisceaux d'électrons correspondant à trois cathodes chacun viennent de heurter un point d'une couleur spécifique : un rouge, un vert et un bleu(RVB).

Trois points de couleurs ont ainsi appelé une triade.

Les luminophores bleus sont réalisés à base de sulfure de zinc, les verts en sulfure de zinc et de cadmium. Les rouges enfin sont plus difficiles à réaliser, et sont faits à partir d'un mélanged'yttrium et europium, ou bien d'oxyde de gadolinium. [13]

b) Le balayage

Comme on a vu dans le 1er paragraphe la déviation du faisceau électronique se fait à l'aide de deux bobines entourant le col de ce tube. L'une commande le déplacement du spot dans le sens horizontal et l'autre dans le sens vertical. La combinaison des deux actions permet de balayer la totalité de l'écran.

➤ le balayage horizontal

En absence du courant le spot sera fixe au centre de l'écran. Si on applique un courant que nous appellerons par convention un courant positif, le spot va se déplacer vers la droite.

Si on applique un courant opposé, le spot va se déplacer vers la gauche.

En appliquant un courant en dent de scie comme l'indique la figure, le spot va balayer l'écran horizontalement créant ainsi une raie lumineuse horizontale.

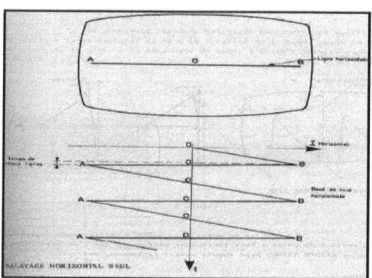

Figure I.8 Balayage horizontal [14]

➤ le balayage vertical

Comme pour le balayage horizontal lorsque le courant est nul, le spot reste fixe au centre 0 de l'écran.

Pour un courant positif, le spot va se déplacer vers le haut. Mais pour un courant inverse, le spot va se déplacer vers le bas.

En appliquant un courant en dent de scie comme l'indique la figure, le spot va balayer l'écran verticalement produisant ainsi une raie lumineuse verticale.

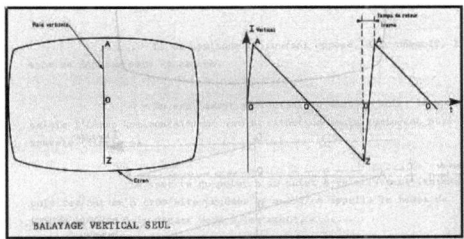

Figure I.9 Balayage vertical [14]

➤ le balayage de tout l'écran

En combinant les deux balayages, on arrive à faire explorer au spot la totalité de l'écran, comme le montre (la figure) Comme les déplacements en sens horizontal et vertical sont simultanés, le point ira de A à B, parcourant ainsi une ligne droite.

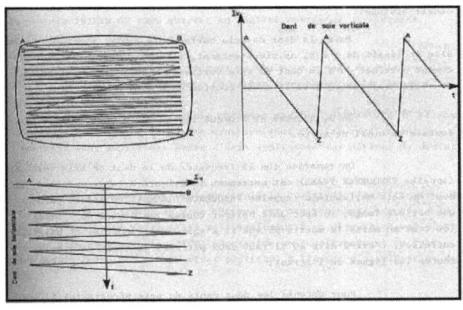

Figure I.10 Balayage de tout l'écran [14]

On constate que la fréquence de la dent de scie horizontale est supérieure à celle de la dent de scie verticale. Ainsi le spot doit balayer, pendant une période image, toutes les lignes de l'écran ou au moins la moitié .Il s'agit de balayage entrelacé qui nécessite deux périodes de trame pour balayer toutes les lignes de l'écran.

Afin d'avoir ces deux dents de scie on a recours à deux générateurs de dents de scie synchronisés, l'un fonctionnant à la fréquence lignes et l'autre à la fréquence trames.

En se basant sur ce fonctionnement le tube cathodique fut développé par les travaux de Philo Farnsworth et fut moins utilisé dans les télévisions à partir des années 2000 car remplacé progressivement par les écrans plasmas et les écrans LCD.[15]

I.4.2 La technologie LCD et le principe des cristaux liquides

La technique des cristaux liquides date du milieu des années soixante-dix, elle a fait son apparition dans le grand public sous la forme de bracelet –montre.

Ensuite, les jeux et les afficheurs de toute sorte ont progressivement envahi le marché. Il a fallu attendre le début des années quatre-vingt-dix pour que les versions couleurs fassent leur apparition. (La télévision en couleurs pal et secam jean Herben)

La technologie LCD (Liquide Crystal Display) est basée sur un écran composé de deux plaques parallèles transparentes et rainurées entre les quelles il y a des substances (des molécules) qui se trouvent entre l'état liquide et l'état solide appelées les cristaux liquides.

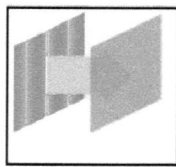

Figure I.11structure de l'écran LCD

Grâce à leur faculté de laisser passer la lumière sous l'action de certains éléments, ils vont être exploités pour les utiliser comme displays. Ces éléments sont :

*le courant : qui modifie l'ordre de molécules

*La température : qui sous l'effet de son élévation, l'effet est également produit.

*La tension qui modifie l'arrangement de molécules

En disposant d'une lumière extérieure se répartissant uniformément sur toute la surface du plaque et pour que les contrastes soient correctement reproduites, il faut que cette lumière soit masquée par des zones de dimensions réduites appelées pixels. Plus le nombre de pixel est important plus que l'image soit de bonne qualité.

Ils sont de couleurs rouge, vert et bleu.

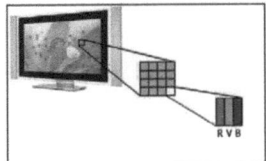

Figure I.12Décomposition de l'écran LCD en pixels

I.4.3   La technologie plasma (PDP, Plasma Display Panel)

L'écran plasma est constitué de deux plaques de verre, entre lesquelles se trouvent des électrodes et une couche isolante comme l'indique la figure I.13.La technologie plasma consiste à émettre la lumière grâce à l'excitation d'un gaz mélange d'argon (90%) et de xénon (10%) [16]. Ce dernier se trouve dans des cellules dans lesquelles sont adressées une électrode ligne et une électrode colonne permettant de l'exciter. Ces cellules correspondent aux pixels. En modulant la valeur de la fréquence de l'excitation et la tension appliquée entre les électrodes on peut définir jusqu'à 256 valeurs d'intensités lumineuses. Le gaz excité produit un rayonnement lumineux ultraviolet (invisible). Grâce à des luminophores bleus, verts et rouges répartis sur les cellules, le rayonnement lumineux ultraviolet est converti en lumière visible, ce qui permet d'avoir des Pixels (composés de 3 cellules) de 16 millions de couleurs (256 x 256 x 256). [16] permettant d'obtenir très bonnes valeurs de contrastes.

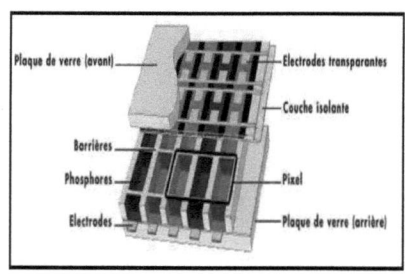

Figure I.13 Structure de l'écran plasma   [16]

I.4.4   Les différences entre écrans plasma et LCD :

La différence entre la technologie LCD et le fonctionnement des écrans plasma repose en premier lieu dans le fait que dans un écran LCD, il y a une base de lumière produite par le biais des cristaux liquides. Mais ce travail de production de lumière n'est pas assez parfait, surtout dans la reproduction de noir profond, puisque le rôle des cristaux liquides (qui doivent donc retenir toute la lumière) est mis à mal. Alors que, dans la technologie plasma, les pixels n'émettent aucune lumière lorsqu'ils ne sont pas sollicités. Cette différence explique pourquoi les écrans LCD ne peuvent pas obtenir des noirs aussi profonds que les écrans plasma.

Il existe d'autres différences entre ces deux types configurées dans le tableau I.3

Tableau I.3 comparaison entre l'écran LCD et l'écran PLASMA [16]

	LCD	PLASMA
Luminosité	Très bonne (autour de 500 cd/m²)	Très bonne (supérieure à 1000 cd/m²)

Contraste	Bon à très bon (de 800:1 à 5000:1)	Très bon (très souvent supérieur à 4000:1)
Richesse des couleurs	Très bonne, sauf dans les noirs (spectre couvert convenable)	Excellente (spectre couvert très large)
Pixels défectueux	Possibles	Rares
Consommation	Autour de 250W pour 107 cm	Entre 350W et 500W pour un 107 cm
Durée de vie	Autour de 40000 heures	Autour de 20000 heures

I.4.5 Le journal lumineux

On voit le journal lumineux à diodes LED partout, dans les bus, dans les gares et aéroports, dans la vitrine de certains magasins. Certains sont monochromes (une seule couleur et toujours la même) alors que d'autres sont de type multicolore.

Il est réalisé par assemblage des diodes électroluminescentes suivant une matrice généralement organisés en lignes et en colonnes.

a) Principe de base

Chaque caractère alphanumérique est dessiné sur une matrice de LEDs. Soit l'exemple de la figure I.15 représentant la formation de la lettre A.

Figure I.14 Formation de la lettre A

Le fait que chaque caractère est affiché sur plusieurs colonnes autorise leur défilement progressif, puisqu'il suffit de décaler chaque colonne d'un (seul) cran vers la gauche. On peut prendre comme exemple le défilement du mot « HELLO » qui est présenté par la figure I.16

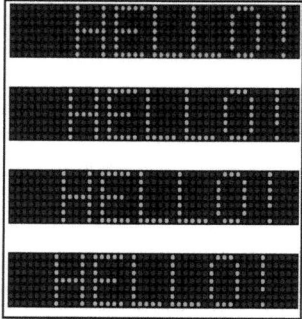

Figure I.15 le défilement des caractères

b) Stockage des caractères

Afin d'être affichés à l'endroit voulu, les caractères doivent être stockés en mémoire, pour pouvoir être appelés à tout instant. L'occupation mémoire dépend du nombre de LEDs affectées à chacun d'eux. Prenons par exemple le cas de la lettre "E" dans la figure I.17.

Figure I.16 Présentation de la lettre E

Regardons la première colonne de la matrice formant cette lettre, on constate que toutes les LEDs sont allumées. Chaque LED est représentée par un bit de donnée, et chaque colonne comportant sept LEDs donc elle est présentée par sept bits, chaque colonne peut être stockée dans un octet de huit bits. Par convention, disons que la LED la plus haute de la colonne correspond au bit de poids fort de l'octet, et que la LED la plus basse correspond au bit de poids faible. Dans ces conditions, on peut dire que la valeur de l'octet représentant la première colonne du caractère "E" est "01111111" en binaire. Notez bien encore une fois que le bit de poids fort est ici le septième bit et non le huitième bit, puisque chaque colonne ne comporte que sept LEDs et non huit. La valeur du huitième bit qui n'est pas utilisé, on peut prendre 0 ou 1.

- la lecture du clavier est entièrement désactivée en mode normal.
- si après avoir appuyé sur la touche Entrée, un nouveau texte est saisi, il ne sera conservé en mémoire que si la touche Entrée est à nouveau appuyée.
- la lecture du clavier impose une fréquence d'horloge minimale de 6 MHz.

I.5 Conclusion

A la lumière de cet aperçu sur la lumière et son importance dans le fonctionnement des systèmes d'affichage, on va s'intéresser dans les chapitres suivants à la conception de notre système de projection à diode laser.

CHAPITRE 2 :

GENERALITES SUR LES SYSTEMES OPTIQUE ET CONCEPTION MECANIQUE

II.1 Introduction

La conception d'un système optique repose tout d'abord sur les lois de l'optique géométrique, branche de l'optique consacrée à la propagation et au cheminement des rayons. Ces lois seront abordées dans le 1er paragraphe de ce chapitre afin d'aboutir à la conception mécanique de notre projet.

II.2 Généralité sur les systèmes optiques

II.2.1   Classification des systèmes optiques : [17]

Les systèmes optiques sont des systèmes définis par la présence de surfaces polies (la plupart du temps plans ou sphériques) qui s'interposent sur les trajets lumineux évoluant dans des milieux transparents.

On distingue 3 familles, la 1ère est définie par les systèmes dioptriques ou la lumière ne subit *que* des réfractions. Parmi ces systèmes on a le dioptre plan et les lames à faces parallèles, le prisme et le dioptre sphérique (lentilles minces et lentilles épaisses).On peut les trouver dans le microscope, les jumelles, le télescope…

La 2ème famille concerne les systèmes catoptriques ou la lumière ne subit *que* des réflexions. Ces systèmes sont les miroirs plans et les miroirs sphériques .Alors que la 3ème famille est celle des systèmes catadioptriques ou lumière subit une série de réfractions et une réflexion au moins comme le Catadioptre de bicyclette.

II.2.2   Les lois de projection

a) Enoncé des lois de Descartes de la réflexion:[18]

La 1ère loi énonce que le rayon incident, le rayon réfléchi et la normale au miroir au point d'incidence sont contenus dans un même plan.

Tandis que la 2ème stipule que l'angle de réflexion est égal à l'angle d'incidence :

$$i = r \ (\text{II}.1)$$

Ceci est bien expliqué par la figure II.1.

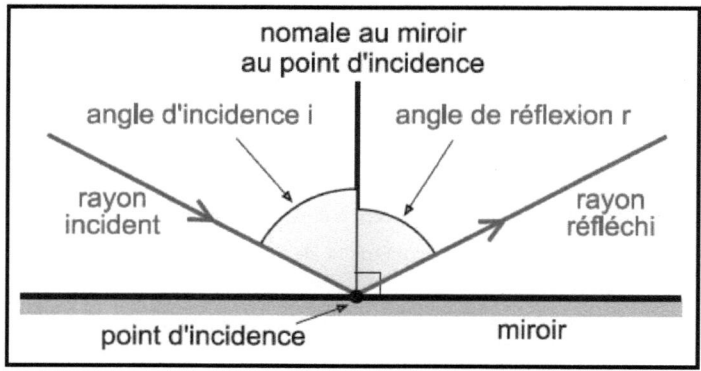

Figure II.1 Loi de réflexion

b) Loi de réfraction

En exploitant la figure II.2, la 1ère loi dispose que le rayon incident, la normale à l'interface entre les milieux et le rayon réfracté se trouvent tous trois dans un même plan, appelé plan d'incidence, alors que la 2ème loi est donnée par l'équation II.2

$$n_1 \sin i_1 = n_2 \sin i_2 \quad (II.2)$$

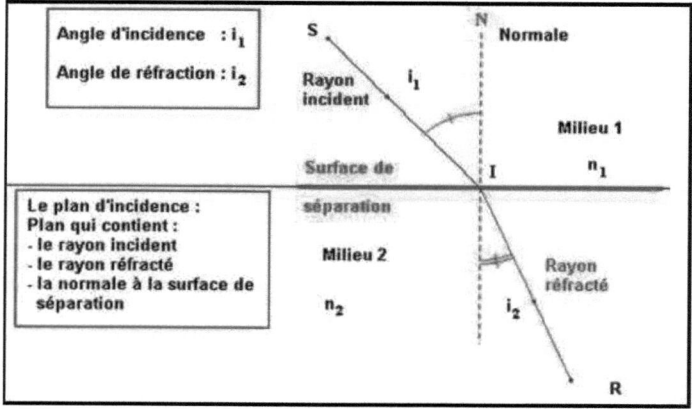

Figure II.2 Loi de réfraction

II.2.3 Calcul de l'angle de projection pour les systèmes catoptriques.

L'angle de projection est un paramètre important pour un affichage clair avec la taille de l'écran mais à chaque système optique correspond une valeur bien déterminée.

En effet selon le nombre de miroirs utilisés et leur vitesse on peut calculer l'angle de projection en respectant les équations …

$$p = 360 - (2*(180 - 360/n)) \quad (II.3)$$

$$r = p / (360*4Hz) \quad (II.4)$$

Avec

n = nombre des miroirs

p = l'angle de projection

r = la vitesse de rotation du miroir ***

Tableau II.1 La variation de l'angle de projection et la fréquence et la vitesse de rotation en fonction du nombre de miroirs

Nombre de miroirs	Angle de projection	fréquence de rotation(Hz)	Vitesse de rotation (tour par min)
2	360	4	240
3	240	2.7	162
4	180	2	120
5	144	1.6	96
8	90	1	60
10	72	0.8	48
12	60	0.4	24

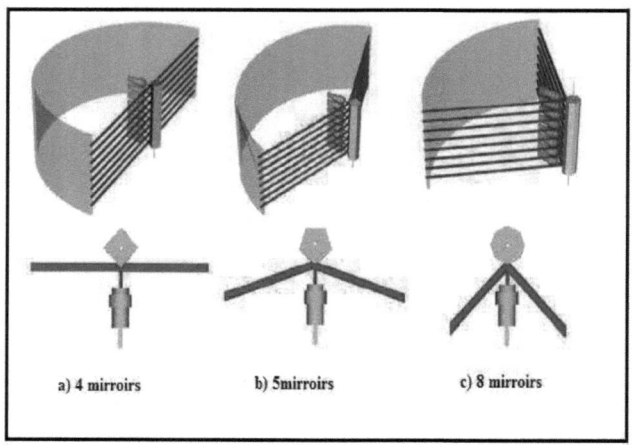

Figure II.3 Exemples de variation de l'angle de projection selon le nombre des miroirs [20]

II.2.4 Calcul de la longueur d'écran

Soit la figure II.4

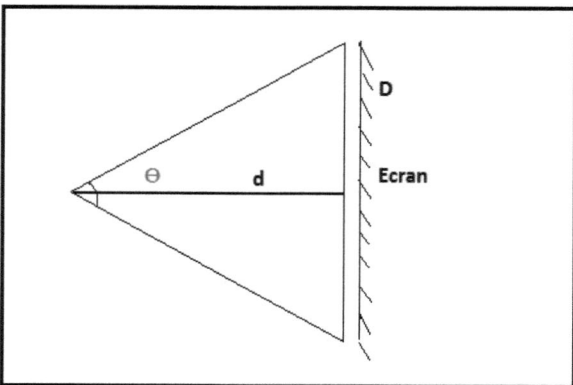

Figure II.4 Disposition du projecteur par rapport à l'écran

On a $\qquad\qquad\text{tg}(\Theta/2) = D/(2*d)$ (II.5)

Avec   D= longueur d'écran

d : distance entre le projecteur et l'écran

Θ : angle de projection

D'où $\qquad D = 2*d* \tg(\Theta/2)$ (II.6)

D représente donc la longueur d'une ligne fournie par la diode laser.

II.3 Conception mécanique et réalisation pratique

II.3.1   1er essai

En premier lieu, nous avons construit un mini projecteur constitué d'un prisme de trois miroirs et deux ventilateurs d'un pc l'un pour assurer la rotation du système et l'autre pour assurer la fixation et 5 diodes laser.

> **Principe de balayage** :

Il s'agit du même principe que les écrans d'affichage présenté dans le 1er chapitre. En effet chaque diode laser va projeter une ligne et l'allumage et l'éteint de chaque diode se fait avec une vitesse extrêmement grande dont l'œil de l'être humain ne peut pas la récupérer d'où il nous semble que l'allumage se fait de manière continue. Prenons l'exemple de la lettre A indiquée dans la figure II.4

Dans la première étape on voit qu'il y a projection des trois dernières lignes seulement donc ce sont la troisième, la quatrième et la cinquième diode qui sont allumées alors que dans la deuxième étape il ya projection de la deuxième et la quatrième ligne donc l'allumage de la deuxième et la quatrième diode et l'éteint des autres et ainsi de suite jusqu'à la formation de la lettre A.

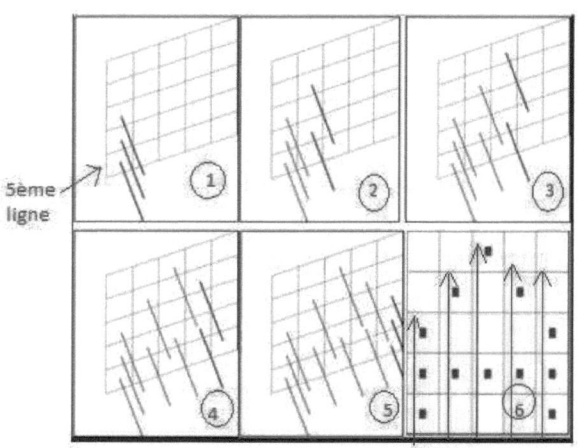

Figure II.5 Principe de balayage pour le 1er montage

Figure II.6 Le 1er montage

> **Inconvénients**

Le montage n'était pas assez efficace à cause de la difficulté de la conception du prisme. En effet, on n'a pas trouvé de miroir dont le poids correspond à celui du moteur et lui permet d'être stable, donc on a eu recours à un miroir mince, cependant, le découpage des faces pour fabriquer le prisme et leur assemblage a été une tâche difficile. Ainsi, ce mauvais assemblage des trois faces a provoqué lors du fonctionnement du moteur des lignes supplémentaires non désirables qui ont gêné d'une part la certitude de calcul et d'autre part la qualité de projection. Pour éviter ce problème on a eu recours au $2^{\text{ème}}$ montage.

II.3.2 2éme essai :

On a utilisé dans ce cas un moteur à courant continu et 8 diodes laser et on a remplacé le prisme par une seule face de miroir présentée par la figure ... afin d'éviter les lignes supplémentaires.

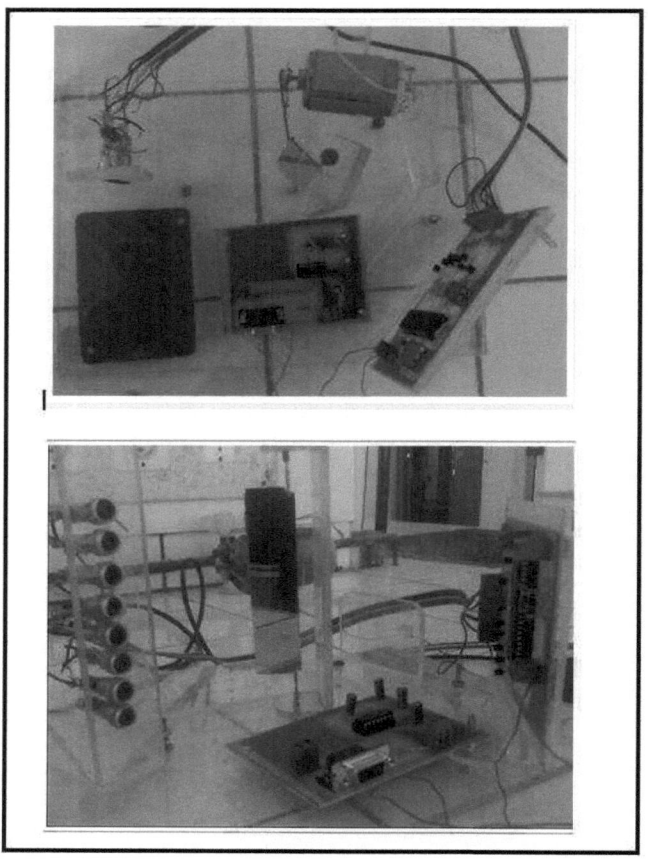

Figure II.7 2ème montage

Le moteur et le miroir forment un système bielle-manivelle.

> **Description du système bielle manivelle :**

C'est un système mécanique de transformation de mouvement circulaire continu en mouvement rectiligne alternatif (application aux pompes, compresseurs alternatifs, ...) et réciproquement mouvement rectiligne alternatif en mouvement circulaire continu (application aux moteurs à pistons); la figure II.6 présente le principe ou AB représente la longueur de la bielle et O est le mouvement circulaire d'entrée qui sera transformé en mouvement rectiligne.

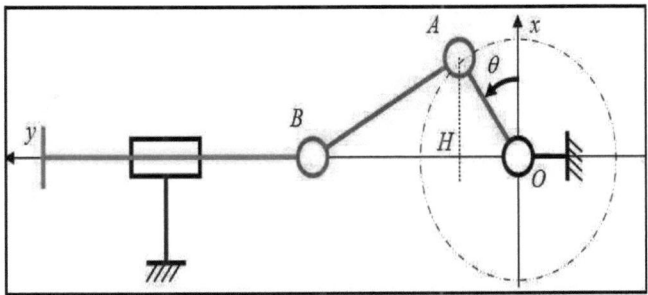

Figure II.8 Principe de bielle-manivelle

➢ **Avantages**
- On a débarrassé des lignes supplémentaires grâce à l'utilisation d'une seule face de miroir.
- Avec l'augmentation des diodes laser on est arrivé à une bonne résolution.

➢ **Inconvénients**
- Le système était très vibrant à cause de la liaison bielle-manivelle.

II.3.3   3éme essai :

- **Utilisation de SolidWorks**

Le SolidWorks est un modeleur 3D, créé en 1993 par l'éditeur américain éponyme, il a été acheté le 24 juin 1997 par la société Dassault Systèmes [20]. Il utilise la conception paramétrique en générant 3 types de fichiers relatifs à trois concepts de base : la pièce, l'assemblage et la mise en plan.

➢ **La pièce**

La conception mécanique de notre projet comprend trois pièces : un support pour les miroirs présenté par la figure et deux flasques l'un pour la fixation du moteur de base et l'autre pour le moteur …

Chaque pièce est la réunion d'un ensemble de fonctions volumiques avec des relations d'antériorité, des géométriques, des relations booléennes (ajout retrait). Cette organisation est rappelée sur l'arbre de construction. Chaque ligne est associée à une fonction qu'on peut renommer à sa guise. Parmi les fonctions utilisées pour nos pièces on peut citer : « Bossage extrudé » qui consiste à créer une fonction volumique en extrudant une esquisse ou des contours d'esquisse sélectionnés dans une ou deux directions. Pour se débarrasser de la matière on a utilisé « enlèvement de matière extrudé », alors que pour créer les trous le long des flasques ou les rainures du support des miroirs on a eu recours à la fonction « répétition circulaire »

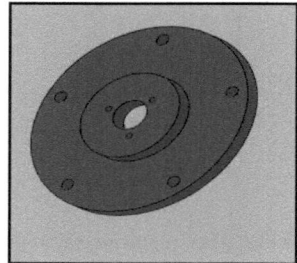

Figure II.9 Flasque

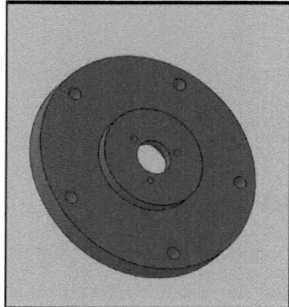

Figure II.10 Flasque base

Figure II.11 Support de miroirs

> **L'assemblage**

L'assemblage est obtenu par la juxtaposition des pièces. La mise en position de pièces est définie par un ensemble de contraintes d'assemblage associant, deux entités respectives par une relation géométrique (coïncidence, tangence, coaxialité...). Dans une certaine mesure, ces associations de contraintes s'apparentent aux liaisons mécaniques entre les pièces. La figure II.12 présente l'assemblage de nos pièces en utilisant les contraintes coaxiales et coïncidences.

Figure II.12Assemblage

> **Les mises en plan**

Les mises en plan concernent à la fois les pièces (dessin de définition) ou les assemblages (dessin d'ensemble). Elles contiennent la nomenclature de chaque pièce qui compose l'assemblage et traitent la projection et les vues en coupes, les vues partielles, perspectives.

Elles regroupent aussi l'ensemble des spécifications géométriques définissant chaque pièce à travers de cotation. Voir (annexe 1, annexe 2, annexe 3)

b) Conception réelle :

La conception réelle comporte deux phases : une avant l'assemblage des miroirs et autre après. Comme l'indique la figure II.15, pour être mieux précis lors de l'assemblage des miroirs on inséré des cartons dont les dimensions sont celles de la pièce réelle avec une marge de 1 mm pur l'insertion des miroirs.

Figure II.15conception du support des miroirs

II.4 Conclusion

Un pas décisif vers la réalisation de notre journal lumineux est franchi avec une conception mécanique performante. Ainsi après la fixation du montage et l'installation des miroirs, on va s'intéresser à la réalisation des cartes qui vont commander par la suite notre montage ce qui fait l'intérêt du chapitre suivant.

CHAPITRE 3 :

CONCEPTION ELECTRIQUE

III.1 Introduction

Ce chapitre sera consacré à l'étude et la conception électrique des montages déjà vus dans le chapitre précédent. Cette étude comporte deux principales unités : une partie de traitement numérique assurée par le pic 16F877A et le PWM et une autre pour le traitement analogique.

III.2 Traitement numérique

III.2.1 PIC 16F877A

L'utilisation d'un microcontrôleur est indispensable pour le traitement **numérique** de notre journal, mais devons la diversité des microcontrôleurs, nous avons fait une sélection qui se stabilise sur le PIC16F77A.

a) Choix du PIC 16F877A

Le choix d'utilisation de ce type de PIC dans notre application repose sur plusieurs avantages :

- la possibilité de générer des signaux PWM de fréquences fixes qu'on va le traiter ultérieurement.
- la disposition de 5 ports différents : Port A (6broches), port B (8broches), port C (8broches), port D (8broches) et port E (3broches)

Donc en totalité on a 33 broches d'entrées/sorties bidirectionnelles disponibles ce qui fait le plus gros avantage de pic 16F877A.

- la disposition d'un module de communication série asynchrone qui nous permettra ensuite de communiquer avec un PC ou n'importe quel matériel ayant un port de communication série pour envoyer des caractères. C'est ce qui fait l'intérêt de dernier chapitre.

- Le choix de l'utilisation du PIC 16F877A est justifié aussi par sa facilité de programmation, son coût faible, par sa rapidité de traitement et sa disponibilité dans le marché.

b) Brochage

Le pic 16f877A possède 40 broches présentées dans la figure III.1 dans lesquelles on trouve les broches de fonctionnement permettant l e microprocesseur de fonctionner et d'autres représentant les entrées/sorties des différents ports.

Les broches de fonctionnement sont connectées à l'alimentation, à un quartz et à un bouton poussoir de reset alors que les broches des ports sont prêtes à utiliser pour le câblage avec d'autres périphériques ou composants selon le besoin.

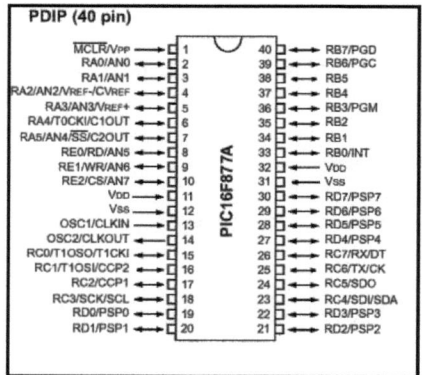

Schéma de PIC16F877A

> **Les broches d'alimentation**

Tout d'abord, comme tout circuit intégré, le pic a des broches d'alimentation : deux pour le 0V (Vss : pin 12 et 31)

Et deux pour le +5V (VDD : pin 11 et 32)

> **les broches du quartz**

Ensuite comme pour le microprocesseur, le 16F877A va avoir besoin d'un chef d'orchestre qui va fixer la vitesse d'exécution des instructions et cela est assuré par un quartz dont le rôle est de créer une impulsion de fréquence élevé. Dans le cas du 16F877A on utilise un quartz de 20Mhz. Ainsi il va fournir 20 millions d'impulsions par secondes. Le quartz va être connecté sur les deux broches OSC1 et OSC2.

> **La broche de réinitialisation (reset)**

C'est la broche MCLR (master clear) qui est davantage une broche de contrôle que de fonctionnement, elle a pour effet de provoquer la réinitialisation du microprocesseur lorsqu'elle est connectée à 0. Il faut donc que cette broche soit connectée à 5V en permanence afin de permettre le fonctionnement de notre microprocesseur.

L'intensité maximale que peut fournir une broche en sortie est de 20mA, ce qui permet de connecter directement sur la broche une LED avec une résistance sans utiliser un circuit d'amplification.

> **Les ports du 16F877A**

Les 5 ports sont d'entrées sorties (input/output) et bidirectionnels. On s'intéresse dans notre projet au port A qui possède 6 pins numérotés de RA0 à RA5, il peut être également configuré comme entrée analogique pour le convertisseur analogique et/ou Timer 0.

Pour la commande de laser on va traiter le port B qui possède 8pins numérotées de RB0 à RB7. Sans oublier le port C qui possède 8pins numérotées de RC0 à RC7. Il va être utilisé dans le dernier chapitre comme une interface avec les timers et le contrôleur de communication série RS232.

c) **Les modules internes du 16F877A**

Parmi les modules internes du PIC on peut citer :

> **Trois timers/ compteurs**

L'intérêt le plus important des modules de comptage c'est tenir compte des événements qui surviennent de façon répétée sans que le microprocesseur soit monopolisé par cette tâche. En général une interruption aura lieu lorsque le compteur déborde.

- Timer0 : c'est un compteur 8bits qui peut compter de 0 à 255, soit les impulsions de l'horloge via un pré diviseur, soit les impulsions externes, via la broche PA4. Le débordement (over flow) aura lieu lorsque le compteur de 255 à 0
- Timer1 : c'est un compteur 16 bits qui peut compter de 0 à 65535. Soit les impulsions de l'horloge. Soit les impulsions externes, et en particulier les impulsions d'un quartz externe.
- Timer2 (8bits) : il est incrémenté par l'horloge interne, celle peut être pré divisée. Le timer2 est un timer couplé au module CCP, il est utilisé pour la génération d'impulsions à période ajustable(PWM). Tous ces timers peuvent déclencher une interruption interne.

> **deux modules dits CCP", incluant le module de génération d'impulsions à période réglable (PWM)**

Ce module est très puissant pour créer des impulsions à des fréquences élevées, même dans l'infrarouge

> **Une USART**

Un port série universel, mode asynchrone (RS232) et mode synchrone pour assurer la communication avec d'autres machines.

III.2.2   Mode PWM

a) Présentation

Il s'agit d'obtenir, dans ce mode, un signal de fréquence fixe et dont la durée de l'état haut peut être modulée, et par la suite la modulation du rapport cyclique (PWM = Pulse Width Modulation = MLI = Modulation de largeur d'impulsion ou rapport cyclique variable). Ce signal est géré par le port C.

b) Caractéristiques du signal

Th= temps haut

Tb= temps bas

Ts= période du signal

A la sortie du PIC sur la broche de port C configuré en sortie RC2/CCP1, nous obtenons dans la figure III.1 un signal carré.

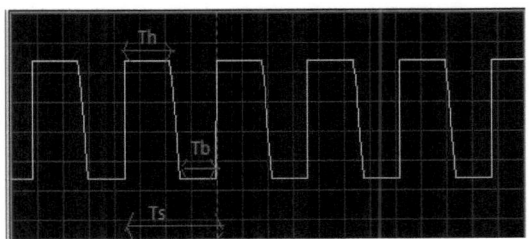

Figure III.1 signal PWM généré par le PIC 16F877A

III.3 Traitement analogique

III.3.1 Commande de laser

a) Circuit de commande de LASER

Pour commander la diode laser on a eu recourt au circuit de la figure III.2 qui comporte un transistor de type NPN, une diode laser, deux résistances et le microcontrôleur. En effet le transistor joue le rôle d'un interrupteur commandé par le PIC 16F877A. Lorsque sa base est saturée, la diode laser sera allumée. Les résistances ont un rôle de protection.

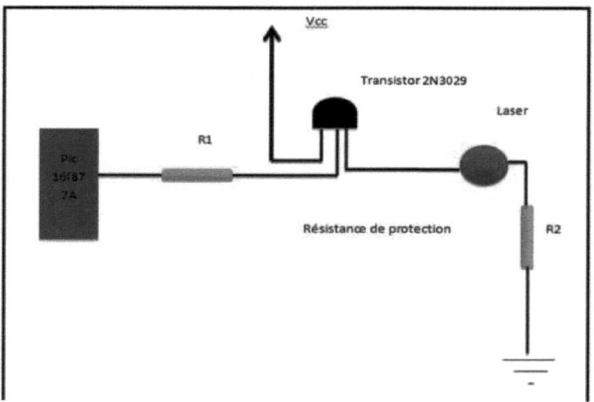

Figure III.2 Circuit de commande de laser

b) Calcul de la résistance R2:

Le courant Nominal qui peut parcourir chaque laser : 35mA.

Alors que le courant Maximal : 45mA.

Chaque laser nécessite 4.5V et avec une alimentation de 5 V on aura une chute de tension $\Delta U = 5-4.5 = 0.5$ V

On choisit une valeur de courant moyenne $I=(0.045+0.035)/2=0.04$A

Donc on peut prendre $R2=\Delta U/I$

A.N $R2=0.5/0.04=12.5$ Ω

Dans la pratique on a pris une valeur $R2=10\Omega$

III.3.2 Le moteur BRUSHLESS

a) Définition et constitution :

Un moteur sans balais, ou « moteur BRUSHLESS », est une machine électrique synchrone, dont le rotor est constitué d'un ou de plusieurs aimants permanents. Tous les BRUSHLESS ont la même architecture de construction de la figure III. 1 : un stator fixe qui porte les bobines, et un rotor mobile sur lequel les aimants permanents sont collés. Les bobinages peuvent être réalisés de manières différentes : en étoile ou en triangle, mais on trouvera toujours trois fils à la sortie du moteur, qui réunissent les bobinages. La majorité des BRUSHLESS possèdent un rotor interne qui tourne très vite jusqu'à 100.000 tr/mn.

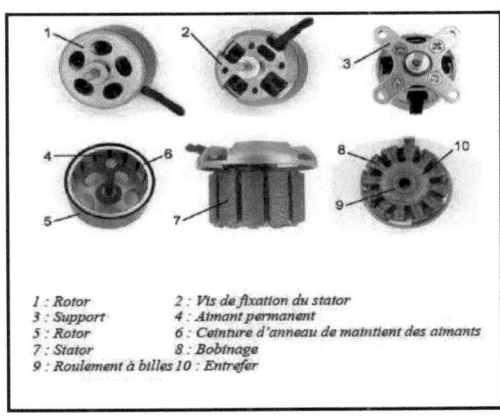

1 : Rotor   2 : Vis de fixation du stator
3 : Support   4 : Aimant permanent
5 : Rotor   6 : Ceinture d'anneau de maintient des aimants
7 : Stator   8 : Bobinage
9 : Roulement à billes 10 : Entrefer

Figure III.3 Constitution du moteur BRUSHLESS [22]

b) Principe de fonctionnement :

Dans ce moteur, la commutation des enroulements est faite non pas mécaniquement comme le moteur mais de manière électronique par un système appelé "contrôleur". Celui-ci transforme le courant continu en courant triphasé à fréquence variable et va alimenter successivement les bobines du moteur pour créer le champ tournant.

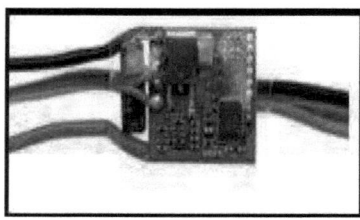

Figure III.4 Contrôleur BRUSHLESS

La figure III.4 montre la structure du contrôleur qui est alimenté par 3 fils. Il comprend 1PIC, 1 régulateur 5V 1.5A, 6 MOSFETs à commande logique et quelques résistances et condensateurs.

Il faut prévoir des « drivers » car le PIC n'a pas les sorties adéquates. La détection de la position du rotor peut être réalisée soit par des capteurs soit par un système électronique Cs (résistances et comparateurs) comme ci-dessus

c) Avantages

- Rendement optimum et une fiabilité accrue.
- Pas de chute de tension due au collecteur
- Pas de friction de collecteur
- Grande durée de vie, fiabilité (attention à la température)
- Taille et poids avantageux ; Pas de collecteur, balais etc.
- Moins de parasites électriques
- Pas d'étincelles (pas de collecteur)
- Contrôle de la commutation électronique (attention aux pics de commutation des circuits MOSFETs)
- Moins de bruit acoustique ; Pas de vibrations des balais à haute vitesse
- Mais l'avantage majeur est l'énorme gain de masse. Ainsi à puissance développée équivalente, un brushless pèse deux à trois fois moins lourdes qu'un BRUSHED, ce qui n'est pas rien ! En moyenne, le rapport poids/puissance d'un moteur BRUSHLESS est de 20 à 25 g pour 100 W développés.

d) **Inconvénients**

Nécessité d'un bon variateur Risque de mauvais démarrage ou de décrochage prix Plus petites séries, peu de séries économiques

e) **Réalisation de la carte**

- **Application sur ISIS**

En exploitant la figure III.2 utilisée pour la commande d'une seule diode laser, on applique le même circuit mais pour 8 diodes présentées.

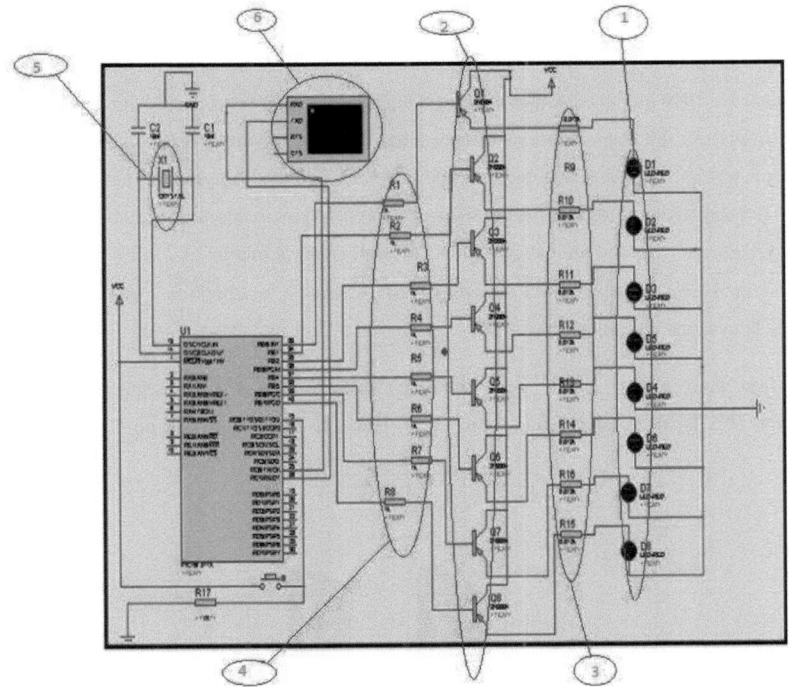

Figure III.5 *Le circuit principal*

1 : 8 diodes laser ; 2 : 8 transistors ; 3 : 8 résistances de valeur ; 4 : 8 résistances de valeur

5 : quartz 20 Mhz ; 6 : HyperTerminal

III.3.3   Connexion série

a) Le câble de connexion série :

Comme le PIC 16F877A possède un module de communication série, nous pouvons à l'aide d'un câble de connexion série de faire la liaison soit entre le port 1 ou port 2 de PC d'un coté aux broches 26(RX) qui assure la réception de données et 25(TX) qui assure leur émission. La transmission série nécessite un minimum de 3 fils comportant les trames de données en émission (TX), en réception (RX) et la masse.

Notre liaison RS-232 a donc besoin d'un lien physique, les prises utilisées sur les ordinateurs pour le port RS-232(port série) sont de type DB9 présentés par la figure III.6. Ces connecteurs DB9 quelques soient mâle ou femelle possèdent 9 broches. Pour une liaison RS-232 simple (ou full duplex) seules trois broches de la prise sont utilisées : D'abord la broche N°5 qui sert à mettre la masse de deux systèmes en commun pour être certain que le point de référence des niveaux logiques est la même ce qui nous assure alors que le niveau 1 pour l'un des systèmes correspond au niveau 1 pour l'autre. Ensuite la broche N°2, c'est à partir laquelle le système reçoit les données (l'entrée du signal). Enfin la broche N°3, c'est la broche par la quelle le système envoie les données .

Donc pour assurer le dialogue entre deux systèmes il suffit de mettre en commun les broches N°5 des deux systèmes et croiser les broches N°2 et N°3 de chacun .

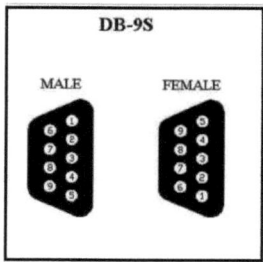

Figure III.6 Les connecteurs de port série: DB9 male et femelle

b) Présentation des convertisseurs MAX232

- **adaptation des tensions entre les communicants**

L'adaptation des données entre deux systèmes qui se communiquent avec leurs ports série se fait à l'aide d'un circuit adapteur de ligne (exemple MAX232), qui transforme les niveaux logiques issus du système numérique en niveaux ligiques compatibles avec les normes RS232 et vice versa.

Tableau III.1des adaptation niveaux des tensions

Avant adaptation	Après adaptation
Niveau 0 : 0V	Niveau 0 : +12V
Niveau 1 : 5V	Niveau 1 : -12V

- **Description de MAX232**

Le MAX232 présenté par la figure III.7, est un composant crée par MAXIM. Ils possèdent 16 broches qui seront utilisés pour maintenir une liaison série TTL(0-5V) et une liaison série RS232(+12/-12) et ceci avec une simple alimentation 5V.

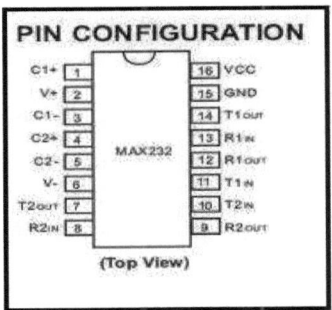

Figure III.7MAX232

Il existe aujourd'hui un grand nombre de versions, sa consommation est plus faible, son débit admissible à augmenter, il est mieux protégé, plus fiable .

- **Branchement de MAX232**

Le circuit de la figure III.8 convertit un signal de +/-15V tel qu'il est généré sur le port série (COM) d'un PC en un signal TTL 5V compatible avec la plupart des microcontrôleurs. En exploitant ce circuit on distingue le Max232 qui est lié au pic par l'intermédiaire du coonecteur J1, ainsi l'input et l'output du MAX sont reliés par le TX et le RX du PIC. Alors que J2 est un connecteur (5V/masse) et les capacités sont utilisés pour éliminer les parasites du signal.

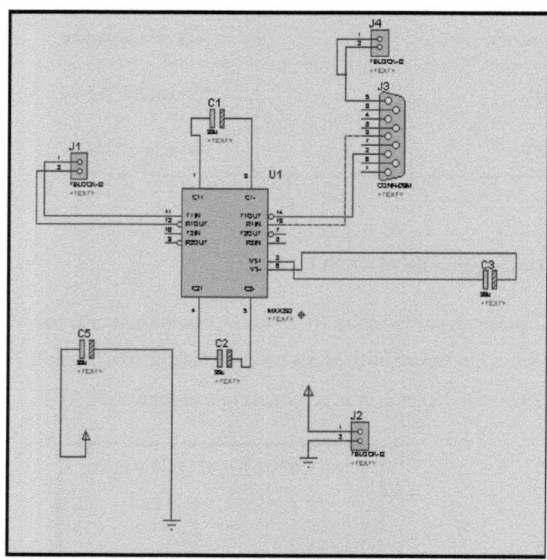

Figure III.8 Circuit de branchement de MAX232

III.3.4 Système en boucle fermée

Pour assurer le fonctionnement en boucle fermée , on a eu recours au LED infrarouge qui sont des LED qui éclairent dans une gamme d'onde non visible (infrarouge 950 nm). Il s'agit de deux types de diodes infrarouges, une LED émettrice et autre réceptrice (voir figure III.12 et la figure III.13) qu'on les a prélevées à partir d'une souris.(voir figure III.9 et figure III.10)

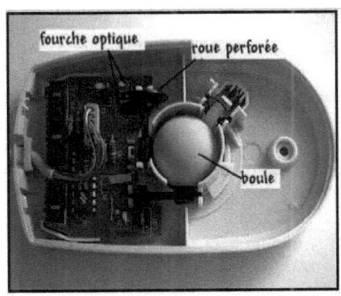

Figure III.9 Démontage de la souris

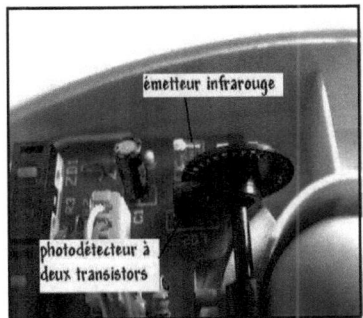

Figure III.10 Démontage de la souris

Figure III.11 Emetteur de la lumière infrarouge

Figure III.12 Récepteur sensible au corps noir

En constatant la figure III.9 et III.10, on trouve que la roue tourne à l'intérieur d'un ensemble composé d'une diode LED émettrice de lumière (visible ou non) d'un côté et de deux capteurs (Phototransistor ou photodiode) de l'autre. La diode émettrice éclaire la roue d'une façon continue. Chaque capteur transforme la lumière qu'il reçoit en un signal électrique de même forme. Ainsi pour le premier capteur, quand la roue codeuse occulte le rayon lumineux, on aura un signal à 0 mais quand elle laisse passer la lumière, on aura un signal à 1. Le second capteur est placé à côté du premier de telle façon qu'il détecte avant l'autre la transition dans un sens, et après, si l'on tourne dans l'autre sens. En comparant les deux signaux on sort une information à 1 si la roue tourne dans un sens, et à 0 si elle tourne dans l'autre sens.

En se basant sur ce fonctionnement et en utilisant un seul capteur sans avoir besoin de capteur de sens de rotation, on peut détecter la fin du tour du moteur en insérant un corps noir dans le support des miroirs. On peut même insérer ces corps noirs autour de chaque face du miroir afin de détecter le passage de chaque face et par la suite connaître le début et la fin de chaque ligne du notre journal. Le signal électrique fourni par ce couple est présenté par la figure III.11. En effet lorsqu'il détecte le passage du corps noir fixé sur l'arbre moteur on aura un signal à 0 sinon on aura un signal à 1.

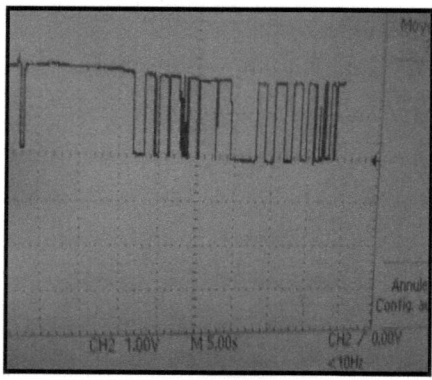

Figure III.13Figure du signal électrique

III.3.5 Circuits imprimés

La réalisation de notre afficheur passe par différents étapes, après l'utilisation du logiciel ARES de l'ISIS pour le routage, nous avons imprimé deux circuits, présentés par les figures

III.13 et III.14 : un est principal pour le PIC 16F877A, et l'autre pour le brochage de MAX232.

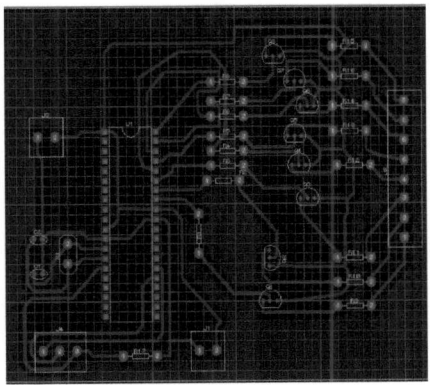

Figure III.14 Typon du circuit principal

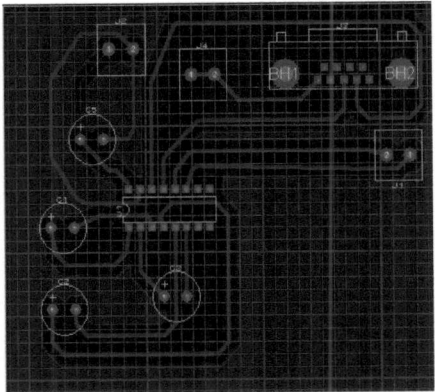

Figure III.15 Typon du circuit max232

III.4 Conclusion

La réalisation a été commencée par une étude de notre système en boucle ouverte mais cette étude nous a pas permis de récupérer les positions des miroirs, d'où nous avons eu recourt au capteur infrarouge afin de mettre le système en boucle fermée.

Chapitre 4 :

Partie informatique

IV.1 Introduction

Après achever la partie hardware on s'intéresse maintenant à la partie software des chapitres précédents et afin qu'on puisse communiquer avec notre projecteur et lui envoyer les caractères qu'on veut les projeter il est indispensable d'établir une liaison avec ce dernier, c'est dans cette optique qu'on intercale ce chapitre.

Programmation concernant le chapitre précédent : Pwm

Comme on a vu dans le chapitre précédent le PWM génère un rapport cyclique variable à partir d'une fréquence fixe. Soit la figure IV.1 qui présente le programme en Micro C pro gérant cette fonction.

```c
void main()
{
int x;
trisc=0x00;
trisa=0xff;
PWM1_Init(5000);
PWM1_Start();
portc=0;
while(1)
{
x=(adc_read(0)/4);   ///on 1024/4
PWM1_Set_Duty(x);
    }
  }
```

Figure IV.1 Programme de PWM

En effet on commence tout d'abord par configurer le port C en entrée et le port A en sortie pour une fréquence égale à 5 kHz, le rapport cyclique sera varié par le biais d'un potentiomètre branché au pin A0 de port analogique A.

IV.2 La liaison série

IV.2.1 Définition :

La liaison série est une liaison point à point qui lie deux objets seulement. Elle est une ligne où les bits d'information (1 ou 0) arrivent successivement, soit à intervalles réguliers (transmission synchrone), soit à des intervalles aléatoires, en groupe (transmission asynchrone).

IV.2.2 Transformation parallèle-série/Transformation série-parallèle

Étant donné que la plupart des processeurs traitent les informations de façon parallèle, il s'agit de transformer des données arrivant de façon parallèle en données en série au niveau de l'émetteur, et inversement au niveau du récepteur. Ces opérations sont réalisées grâce à un contrôleur de communication (la plupart du temps une puce *UART, Universal Asynchronous Receiver Transmitter*). Le contrôleur de communication fonctionne de la façon suivante :

a) **La transformation parallèle-série**: se fait grâce à un registre de décalage. Ce dernier permet, grâce à une horloge, de décaler le registre (l'ensemble des données présentes en parallèle) d'une position à gauche, puis d'émettre le bit de poids fort (celui le plus à gauche) et ainsi de suite comme l'indique la figure IV.2 :

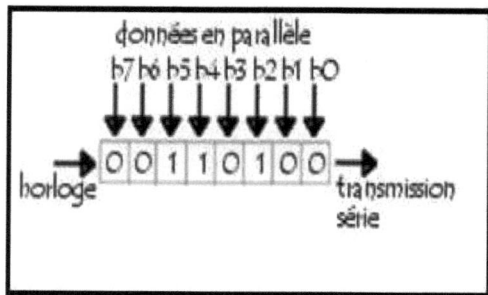

Figure IV.2 Transformation parallèle-série

b) La transformation série-parallèle: Se fait quasiment de la même façon grâce au registre de décalage. Il permet de décaler le registre d'une position à gauche à chaque réception d'un bit, puis d'émettre la totalité du registre en parallèle lorsque celui-ci est plein et ainsi de suite comme l'indique la figure IV.3

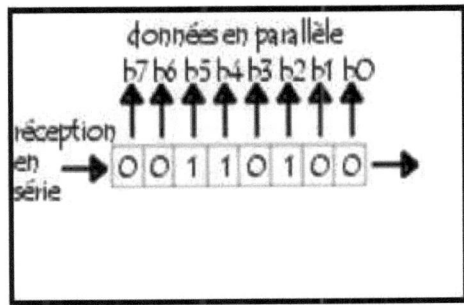

Figure IV.3 Transformation série-parallèle

Dans la suite, on va s'intéresser à l'étude de la liaison série asynchrone.

IV.2.3   Principe de la transmission série asynchrone

Les données à transmettre existent sous forme parallèle (octet, double octet etc...) et sont transmises sous forme série (LSB en premier le plus souvent) puis reconditionnées dans le format initial. Il s'agit d'une transmission asynchrone car aucune horloge (bit clock) n'est transmise entre l'émetteur et le récepteur d'où le récepteur ignore quand il va recevoir une donnée.

a) Avantages
- ❖ 3 fils au minimum (émission Tx, réception Rx, masse GND), (5 ou 9) très souvent.
- ❖ communication sur de grandes distances à travers le réseau téléphonique, par utilisation d'un MODEM (MODulateur-DEModulateur): Minitel, réseau INTERNET

b) **Inconvénients** :
- ❖ Assez lent.
- ❖ L'émetteur et le récepteur doivent être configurés de manière identique (même nombre de bits par mot, même ordre d'émission des bits, même rythme de transmission des bits, etc....
- ❖ Comme l'horloge n'est pas transmise, le récepteur ne sait pas quand commence et quand fini la transmission : On ajoute des bits (Start, Stop) pour que le récepteur puisse se synchroniser.

IV.2.4 Liaison RS (Recommended Standard)232

La liaison série aux normes RS 232 est utilisée dans tous les domaines de l'informatique (ex : port de communication com1 et com2 des PC, permettant la communication avec des périphériques tels que modem et souris).

a) **Protocole de transmission**

Afin que les éléments communicants puissent se comprendre, il est nécessaire d'établir un protocole de transmission. Ce protocole devra être le même pour les deux éléments afin que la transmission fonctionne correctement. En effet, l'octet à transmettre est envoyé bit par bit (poids faible en premier) par l'émetteur sur la ligne Tx, vers le récepteur (ligne Rx) qui le reconstitue, ce protocole est traduit par la figure IV.4.

La communication peut se faire dans les deux sens (duplex), soit émission d'abord, puis réception ensuite (half-duplex), soit émission et réception simultanées (full-duplex)

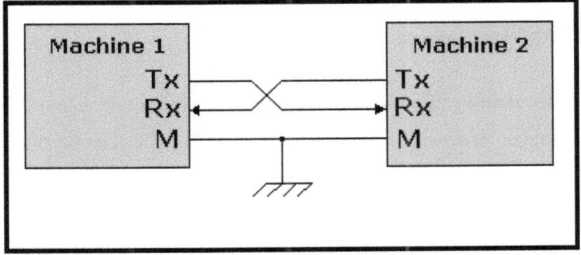

Figure IV.4 : Liaison RS232

Paramètres rentrant en jeu :

- **Longueur des mots** : 7 bits (ex : caractère ASCII) ou 8 bits
- **La vitesse de transmission**: La vitesse de transmission de l'émetteur doit être identique à la vitesse d'acquisition du récepteur. Ces vitesses sont exprimées en BAUDS (1 baud correspond à 1 bit / seconde, dans notre cas). Il existe différentes vitesses normalisées:9600, 4800, 2400, 1200... bauds

- **Parité** : le mot transmis peut être suivi ou non d'un bit de parité qui sert à détecter les erreurs éventuelles de transmission. Il existe deux types de parité.

    o Parité paire : Le bit ajouté à la donnée est positionné de telle façon que le nombre des états 1 soit pair sur l'ensemble donné plus le bit de parité.
    - Exemple : Soit la donnée 11001011 contenant 5 états 1, le bit de parité est positionné à 1, ramenant ainsi le nombre de 1 à 6.
    o Parité impaire : Le bit ajouté à la donnée est positionné de telle façon que le nombre des états 1 soit impair sur l'ensemble donné plus le bit de parité.
    - Exemple : Soit la donnée 11001011 contenant 5 états 1, le bit de parité est positionné à 0, laissant ainsi un nombre de 1 impair. .

- **Bit de start** : la ligne au repos est à l'état logique 1. Pour indiquer qu'un mot va être transmis, la ligne passe à l'état bas avant de commencer le transfert. Ce bit permet de synchroniser l'horloge du récepteur.

- **Bit de stop** : après la transmission, la ligne est positionnée au repos pendant 1, 2 ou 1,5 période d'horloge selon le nombre de bits de stop.

b) **Format des trames :** Le bit de start apparaît en premier dans la trame puis les données (poids faible en premier), la parité éventuelle et le ou les bits de stop.

Le programme d'initialisation :

Le compilateur C de la société CCS (Custom Computer Services) est un compilateur C adapté aux microcontrôleurs PICs livré avec un environnement de développement intégré de type MSDOS. Cet environnement est agréable à utiliser, il contient les opérateurs C et intégré dans les bibliothèques des fonctions qui sont spécifiques aux registres du PIC, fournissant aux développeurs un outil puissant pour accéder aux fonctions de périphériques matériels à partir du niveau en langage C. Soit la figure IV.5 représentant la programme d'initialisation des paramètres de notre application (un quartz de 20MHz, une vitesse de 9600 bit par seconde...)

```
#include <16F877A.h>
#include <string.h>
#fuses HS,NOWDT,NOPROTECT,PUT,NOLVP
#use Delay(Clock=20000000)
#use rs232(baud=9600,parity=N,xmit=PIN_C6,rcv=PIN_C7,bits=8)
#use fast_io(A)
#use fast_io(B)
#use fast_io(C)
#use fast_io(D)
```

Figure IV.5 Programme d'initialisation

Dans une dernière étape, une fois le fichier source est compilé et simulé, il faut le transférer dans la mémoire de PIC, pour cela, nous avons utilisé un programmateur (JMD) d'alimentation via le port série et le logiciel de transfert « WINPIC » dont l'interface est présentée par la figure IV.6.

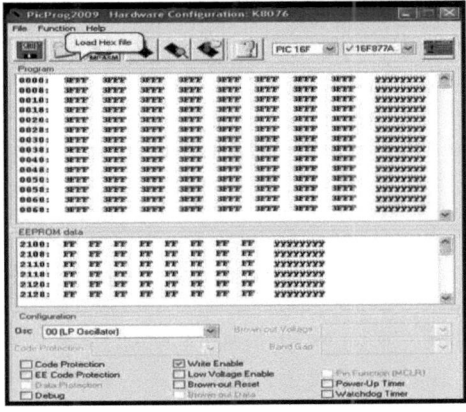

Figure IV.6 Interface de « winpic »

c) L'HyperTerminal :

C'est un logiciel de la société (Hilgraeve) qui permet de se connecter à d'autres ordinateurs, des sites, des BBS (Bulletin Board System), des services en lignes et des ordinateurs hôtes à l'aide d'un modem ou bien d'un câble Null Modem.

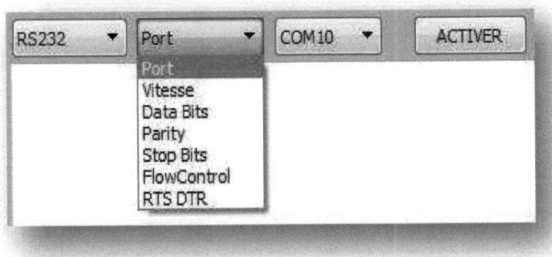

Figure IV.7 Interface hyper terminal

Voici les paramètres à remplir dans la figure IV.4 pour établir une communication :

- **Port de communication :** Choisir le port de communication à utiliser ;

- **Vitesse :** Choisir la vitesse de communication à utiliser sur le port série ;

- **Bit de données (Data Bits) :** Choisir le nombre de bits de données à utiliser ;

- **Parité (Parity) :** Choisir la parité à utiliser pour cette connexion série ;

- **Stop bits :** Choisir les bits de stop à utiliser ;

- **Contrôle de flux (Flow Control) :** Cocher le contrôle de flux à utiliser.

Une fois vos paramètres configurés, vous pouvez "ACTIVER", où "DESACTIVER" votre port de communication.

d) **Interface Matlab**

C'est une interface graphique qui permet de contrôler une application interactivement avec la souris, plutôt que par lancement des commandes au clavier. Elle comprend des menus, des boutons, des "ascenseurs", des cases à cocher, des listes de choix, des zones de texte. Elle permet de "cliquer" directement sur des images, des graphiques ou des objets pour modifier la valeur d'une variable, déclencher des fonctions ou simplement faire apparaître des informations lors d'un survol à la souris. Les notions principales d'une interface graphique sont:

- les divers objets graphiques, auxquels sont attribués des noms symboliques "handles" qui permettent de les repérer dans l'interface; pour envisager par exemple une modification dynamique (changement du texte d'un bouton, modification d'une liste de choix...) ;

- les propriétés des objets (couleur, disposition, taille, variable associée) ;

- les fonctions exécutées par le clic souris sur les éléments ou "callbacks" (décrites en lignede commande Matlab).Les versions actuelles de Matlab permettent de construire ces interfaces directement avec la souris grâce au GUIDE (Graphical User Interface Development Environment).

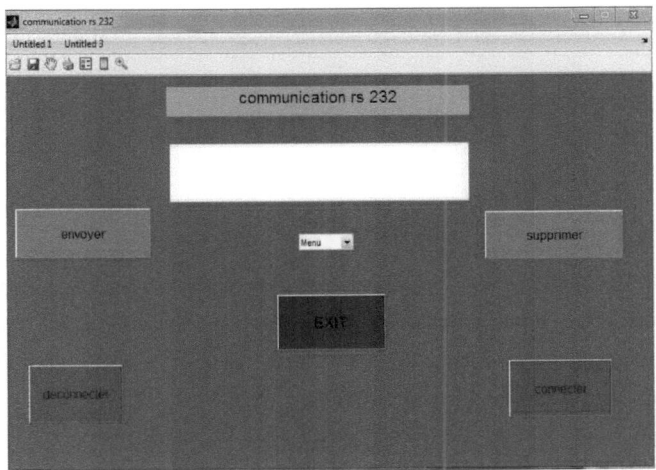

Figure IV.8 Interface matlab

Parmi les boutons configurés dans la figure IV.8 on a :

- Le bouton exit géré par la fonction suivante :

```
function exit_Callback(hObject, eventdata, handles)
delete (handles .figure1)
```

- Le bouton deconnecter géré par la fonction suivante :

```
function deconnecter_Callback(hObject, eventdata, handles)
s=serial('com1');
fclose(s)
delete(s)
```

```
clear
```

- Le bouton connecter géré par la fonction suivante :

```
function connecter_Callback(hObject, eventdata, handles)
clear all;
s=serial('com1');
set(s,'baudrate',9600);
fopen(s);
```

Malgré la mort annoncée du port série (RS232), la communication asynchrone reste un périphérique communément utilisé sur les applications embarquées. Sa simplicité et sa fiabilité lui garantissent encore de beaux jours, malgré la volonté des industriels de l'informatique grand public d'imposer l'USB.

IV.3 Affichage des caractères

IV.3.1 Affichage de chaque caractère sur 8 bits

Pour l'affichage de chaque caractère correspond un code bien déterminé. Les 8 diodes laser sont exprimées par 8 bits, en effet l'allumage de la diode est traduit par « 0 » alors que l'éteint est traduit par « 1 ». Prenons la figure IV.9 qui traite le caractère ''espace'' c'est-à-dire toutes les diodes sont éteints traduit par des « 1 » et la lettre ''A'' traduit par des ''1'' et des ''0''.

```
                    b0        b7
                byte _SPACE[5] =
                0b11111111,
                0b11111111,
                0b11111111,
                0b11111111,
                0b11111111 };
                byte _A[5] = {
                0b00000001,
                0b11101110,
                0b11101110,
                0b11101110,
                0b00000001 };
```

Figure IV.9 code de formation de la lettre A et l'espace

IV.3.2   Programme principal

Comme l'indique la figure IV.10 et la figure IV.11, selon la position du pin C0 la projection des caractères aura lieu. En effet si l'interrupteur on position'1' le port com RS232 sera activé d'où la projection sera achevée sinon on répète les étapes afin d'aboutir à l'existence d'un caractère.

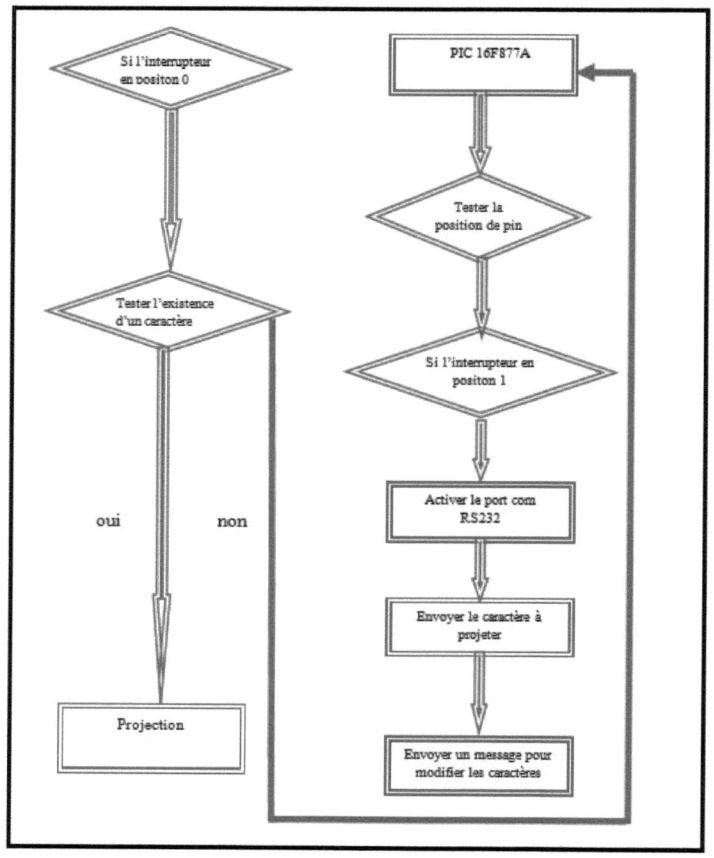

Figure IV.10 Organigramme principal

```c
set_tris_b(0b000000000); // all outputs
set_tris_c(0b10000011);
set_tris_d(0b00000000);
//enable_interrupts(INT_RDA);
// enable_interrupts(GLOBAL);

while(1)
{
if (input(PIN_C0))
    {
        char choix='y';
        PORTB = 0xFF;
        printf("\nprogramming");
          while ( choix=='y')
              {
                  printf("\nActual message is : %s",buffer);
                   printf("Modify message (y/n)");
                   choix=getc();
                  if ( choix=='y'){    gets(buffer);
                                       printf("\nOK");
                                  }
              }
    }

else
 while (input(PIN_C0)==0)
    {
        printf("\nPROJECTING");
        printf(buffer);
        project_string(buffer);
        printf("\nEND PROJECTING");
    }
}
}
```

Figure IV.11 programme du test sur le pin C0

IV.4 Conclusion

Dans ce dernier chapitre, nous avons présenté les moyens de configuration de liaison entre le journal et l'utilisateur (les interfaces) et tous les programmes utilisés pour achever la conception de notre journal. Nous avons testé notre projet et nous avons validé la parie de projection par point.

Annexe1

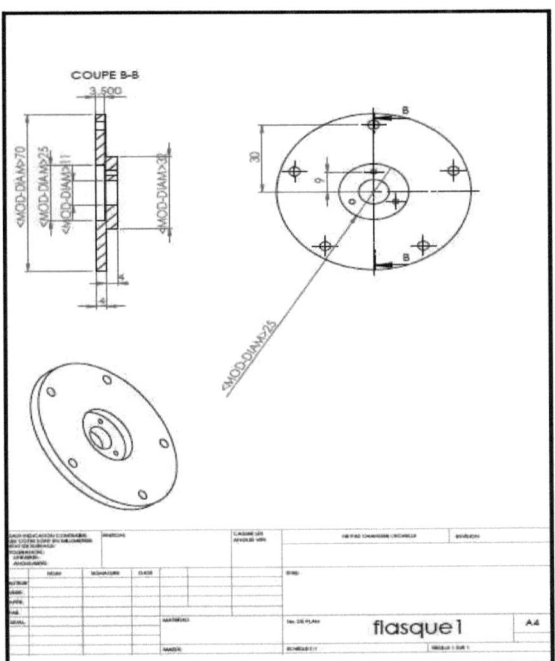

Annex2

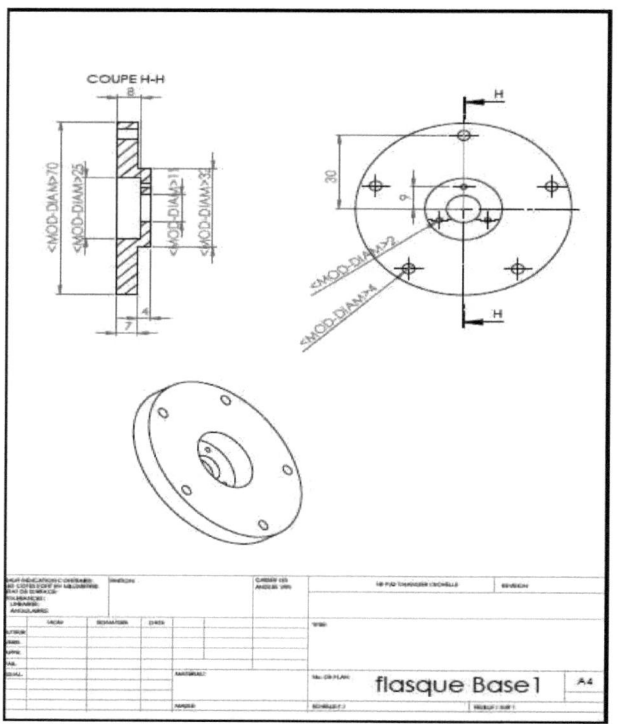

Annexe3

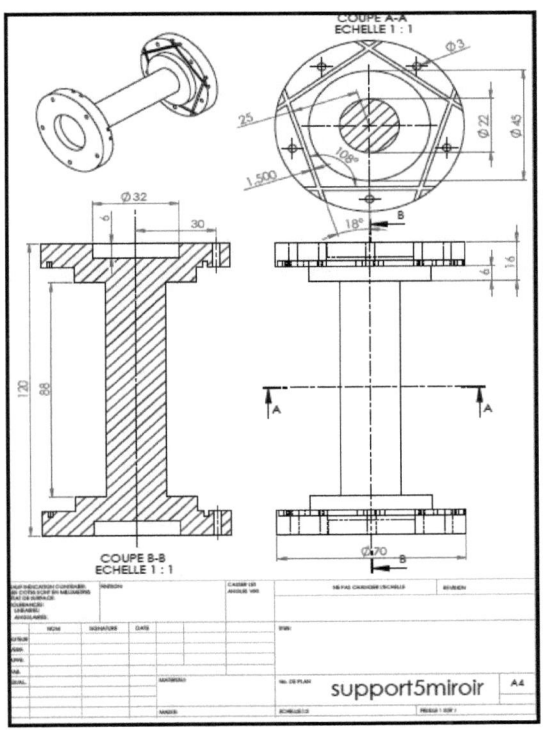

Pic

Transistor 2N

Rs232

Codes caractères standard (0 - 127)

-	0	-	1	-	2	-	3	-	4	-	5	-	6	-	7	-
0	000	(nul)	016	(dle)	032	sp	048	0	064	@	080	P	096	`	112	p
1	001	(soh)	017	(dc1)	033	!	049	1	065	A	081	Q	097	a	113	q
2	002	(stx)	018	(dc2)	034	"	050	2	066	B	082	R	098	b	114	r
3	003	(etx)	019	(dc3)	035	#	051	3	067	C	083	S	099	c	115	s
4	004	(eot)	020	(dc4)	036	$	052	4	068	D	084	T	100	d	116	t
5	005	(enq)	021	(nak)	037	%	053	5	069	E	085	U	101	e	117	u

6	006	(ack)	022	(syn)	038	&	054	6	070	F	086	V	102	f	118	v
7	007	(bel)	023	(etb)	039	'	055	7	071	G	087	W	103	g	119	w
8	008	(bs)	024	(can)	040	(	056	8	072	H	088	X	104	h	120	x
9	009	(tab)	025	(em)	041	)	057	9	073	I	089	Y	105	i	121	y
A	010	(lf)	026	(eof)	042	*	058	:	074	J	090	Z	106	j	122	z
B	011	(vt)	027	(esc)	043	+	059	;	075	K	091	[	107	k	123	{
C	012	(ff)	028	(fs)	044	,	060	<	076	L	092	\	108	l	124	|
D	013	(cr)	029	(gs)	045	-	061	=	077	M	093	]	109	m	125	}
E	014	(so)	030	(rs)	046	.	062	>	078	N	094	^	110	n	126	~
F	015	(si)	031	(us)	047	/	063	?	079	O	095	_	111	o	127	

Codes des caractères étendus (128 - 255)

-	8	-	9	-	A	-	B	-	C	-	D	-	E	-	F	-
0	128	Ç	144	É	160	á	176	¦	192	À	208	Ð	224	a	240	°
1	129	ü	145	æ	161	í	177	¦	193	Á	209	Ñ	225	b	241	±
2	130	é	146	Æ	162	ó	178	¦	194	Â	210	Ò	226	G	242	³
3	131	â	147	ô	163	ú	179	³	195	Ã	211	Ó	227	p	243	£
4	132	ä	148	ö	164	ñ	180	´	196	Ä	212	Ô	228	S	244	ó
5	133	à	149	ò	165	Ñ	181	µ	197	Å	213	Õ	229	s	245	õ
6	134	å	150	û	166	ª	182	¶	198	Æ	214	Ö	230	m	246	,
7	135	ç	151	ù	167	°	183	·	199	Ç	215	×	231	t	247	»
8	136	ê	152	ÿ	168	¿	184	,	200	È	216	Ø	232	F	248	°
9	137	ë	153	Ö	169	¬	185	¹	201	É	217	Ù	233	q	249	·
A	138	è	154	Ü	170	¬	186	°	202	Ê	218	Ú	234	W	250	.
B	139	ï	155	¢	171	½	187	»	203	Ë	219	¦	235	d	251	Ö
C	140	î	156	£	172	¼	188	¼	204	Ì	220	_	236	¥	252	n
D	141	ì	157	¥	173	¡	189	½	205	Í	221	¦	237	Æ	253	²

E	142	Ä	158	Pt	174	"	190	¾	206	Î	222	¦	238	Î	254	¦
F	143	Å	159	f	175	"	191	¿	207	Ï	223	¯	239	Ç	255	

Conclusion générale

En guise de conclusion, notre projet « conception et réalisation d'un journal lumineux par projection laser » a été une véritable occasion pour mieux approfondir nos connaissances sur les principes de fonctionnement des systèmes d'affichage et les diodes laser.

Les travaux effectués au sein de ce projet nous ont permis d'attaquer plusieurs domaines, ainsi ils ont constitué un exercice bénéfique où nous avons pu toucher l'électronique, la mécanique, l'optique et l'informatique.

Néanmoins, nous avons rencontré des problèmes au niveau matériel qui ont gêné le déroulement du projet.

En termes de perspectives, nous proposons d'améliorer ce travail pour pouvoir intégrer ce projecteur dans des appareils portables.

On peut même l'améliorer pour l'exploiter dans la projection trois D par le biais du laser.

I want morebooks!

Buy your books fast and straightforward online - at one of the world's fastest growing online book stores! Environmentally sound due to Print-on-Demand technologies.

Buy your books online at
www.get-morebooks.com

Achetez vos livres en ligne, vite et bien, sur l'une des librairies en ligne les plus performantes au monde!
En protégeant nos ressources et notre environnement grâce à l'impression à la demande.

La librairie en ligne pour acheter plus vite
www.morebooks.fr

OmniScriptum Marketing DEU GmbH
Heinrich-Böcking-Str. 6-8
D - 66121 Saarbrücken
Telefax: +49 681 93 81 567-9

info@omniscriptum.com
www.omniscriptum.com

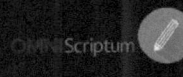

Printed by Books on Demand GmbH, Norderstedt / Germany